重庆市建设工程施工机械台班定额

CQJXDE—2018

批准部门：重庆市城乡建设委员会

主编部门：重庆市城乡建设委员会

主编单位：重庆市建设工程造价管理总站

参编单位：重庆建工市政交通工程有限责任公司

施行日期：2018年8月1日

U0281853

重庆大学出版社

图书在版编目(CIP)数据

重庆市建设工程施工机械台班定额/重庆市建设工
程造价管理总站主编.－－重庆:重庆大学出版社,
2018.7(2020.9 重印)
　ISBN 978-7-5689-1231-0

　Ⅰ.①重…　Ⅱ.①重…　Ⅲ.①建筑机械—费用—工时
定额—重庆　Ⅳ.①TU723.3

　中国版本图书馆 CIP 数据核字(2018)第 141321 号

重庆市建设工程施工机械台班定额
CQJXDE — 2018

重庆市建设工程造价管理总站　主编

责任编辑:范春青　　　版式设计:范春青
责任校对:邬小梅　　　责任印制:赵　晟

*

重庆大学出版社出版发行
出版人:饶帮华
社址:重庆市沙坪坝区大学城西路 21 号
邮编:401331
电话:(023) 88617190　88617185(中小学)
传真:(023) 88617186　88617166
网址:http://www.cqup.com.cn
邮箱:fxk@cqup.com.cn (营销中心)
全国新华书店经销
重庆市正前方彩色印刷有限公司印刷

*

开本:890mm×1240mm　1/16　印张:5.5　字数:177 千
2018 年 7 月第 1 版　　2020 年 9 月第 2 次印刷
ISBN 978-7-5689-1231-0　定价:25.00 元

前　言

为合理确定和有效控制工程造价,提高工程投资效益,维护发承包人合法权益,促进建设市场健康发展,我们组织重庆市建设、设计、施工及造价咨询企业,编制了 2018 年《重庆市建设工程施工机械台班定额》CQJXDE—2018。

在执行过程中,请各单位注意积累资料,总结经验,如发现需要修改和补充之处,请将意见和有关资料提交至重庆市建设工程造价管理总站(地址:重庆市渝中区长江一路 58 号),以便及时研究解决。

领导小组

组　　长:乔明佳

副组长:李　明

成　　员:夏太凤　张　琦　罗天菊　杨万洪　冉龙彬　刘　洁　黄　刚

综 合 组

组　　长:张　琦

副组长:杨万洪　冉龙彬　刘　洁　黄　刚

成　　员:刘绍均　邱成英　傅　煜　娄　进　王鹏程　吴红杰　任玉兰　黄　怀
　　　　　李　莉

编 制 组

组　　长:任玉兰

编制人员:何长国　邓震鸣

材 料 组

组　　长:邱成英

编制人员:徐　进　吕　静　李现峰　刘　芳　刘　畅　唐　波　王　红

计算机辅助:成都鹏业软件股份有限公司　杨　浩　张福伦

重庆市城乡建设委员会

渝建〔2018〕200 号

重庆市城乡建设委员会
关于颁发 2018 年《重庆市房屋建筑与装饰工程计价定额》
等定额的通知

各区县（自治县）城乡建委，两江新区、经开区、高新区、万盛经开区、双桥经开区建设局，有关单位：

为合理确定和有效控制工程造价，提高工程投资效益，规范建设市场计价行为，推动建设行业持续健康发展，结合我市实际，我委编制了 2018 年《重庆市房屋建筑与装饰工程计价定额》、《重庆市仿古建筑工程计价定额》、《重庆市通用安装工程计价定额》、《重庆市市政工程计价定额》、《重庆市园林绿化工程计价定额》、《重庆市构筑物工程计价定额》、《重庆市城市轨道交通工程计价定额》、《重庆市爆破工程计价定额》、《重庆市房屋修缮工程计价定额》、《重庆市绿色建筑工程计价定额》和《重庆市建设工程施工机械台班定额》、《重庆市建设工程施工仪器仪表台班定额》、《重庆市建设工程混凝土及砂浆配合比表》（以上简称 2018 年计价定额），现予以颁发，并将有关事宜通知如下：

一、2018 年计价定额于 2018 年 8 月 1 日起在新开工的建设工程中执行，在此之前已发出招标文件或已签订施工合同的工程仍按原招标文件或施工合同执行。

二、2018 年计价定额与 2018 年《重庆市建设工程费用定额》配套执行。

三、2008 年颁发的《重庆市建筑工程计价定额》、《重庆市装饰工程计价定额》、《重庆市安装工程计价定额》、《重庆市市政工程计价定额》、《重庆市仿古建筑及园林工程计价定额》、《重庆市房屋修缮工程计价定额》，2011 年颁发的《重庆市城市轨道交通工程计价定额》，2013 年颁发的《重庆市建筑安装工程节能定额》，以及有关配套定额、解释和规定，自 2018 年 8 月 1 日起停止使用。

四、2018 年计价定额由重庆市建设工程造价管理总站负责管理和解释。

重庆市城乡建设委员会

2018 年 5 月 2 日

目　　录

说　　明

一、《重庆市建设工程施工机械台班定额》CQJXDE—2018（以下简称本定额）是根据 2015 年住房和城乡建设部《建设工程施工机械台班费用编制规则》《住房城乡建设部 财政部关于印发〈建筑安装工程费用项目组成〉的通知》（建标〔2013〕44 号文）及《财政部 国家税务总局关于全面推开营业税改征增值税试点的通知》（财税〔2016〕36 号文），结合本市实际情况编制的。

二、本定额是编制 2018 年重庆市建设工程计价定额施工机械台班单价的依据。

三、本定额施工机械包括土石方及筑路机械、桩工机械、起重机械、水平运输机械、垂直运输机械、混凝土及砂浆机械、加工机械、泵类机械、焊接机械、动力机械、地下工程机械、其他机械及城轨机械，共十三类。

四、本定额机械台班单价由以下七项费用组成：

（一）折旧费：是指施工机械在规定的耐用总台班内，陆续收回其原值的费用。

（二）检修费：是指施工机械在规定的耐用总台班内，按规定的检修间隔进行必要的检修，以恢复其正常功能所需的费用。

（三）维护费：是指施工机械在规定的耐用总台班内，按规定的维护间隔进行各级维护和临时故障排除所需的费用。保障机械正常运转所需替换设备与随机配备工具附具的摊销费用、机械运转及日常维护所需润滑与擦拭的材料费用及机械停滞期间的维护费用等。

（四）安拆费及场外运费：安拆费是指施工机械在现场进行安装与拆卸一次所需的人工费、材料费、机械费、安全监测部门的检测费和试运转费用，以及机械辅助设施的折旧、搭设、拆除等费用；场外运费是指施工机械整体或分体自停放地点运至施工现场或由一施工地点运至另一施工地点，运距 30km 以内的机械进出场运输、装卸、辅助材料及架线等费用，已包括机械的回程费用。

（五）人工费：是指机上司机（司炉）和其他操作人员的人工费。

（六）燃料动力费：是指施工机械在运转作业中所耗用的燃料及水、电等费用。

（七）其他费用：是指施工机械按照国家规定应缴纳的车船税、保险费及检测费等。

五、机械台班表中的台班单价是按增值税一般计税方法计算的，台班单价、折旧费、检修费、维护费、安拆费及场外运费、人工费、燃料动力费和其他费用均为不含税价。当采用增值税简易计税方法时，台班单价应为含税价，其调整方法如下：

（一）折旧费：按机械台班表中的折旧费×（1+16％）。

（二）检修费、维护费：特、大型机械按机械台班表中的检修费、维护费×（1+14.92％），中、小型机械按机械台班表中的检修费、维护费×（1+6.06％）。

（三）安拆费及场外运输费：按机械台班表中的安拆费及场外运输费检修费、维护费×（1+6.27％）。

（四）燃料动力费：按含税价格计算。

六、本定额人工费是按现行劳动制度规定的年制度工作日 250 天、每天 8 小时工作制计算的，人工工日单价为 120 元/工日。燃料动力单价为汽油（90#）6.75 元/kg、柴油（0#）5.64 元/kg、电 0.70 元/（kW•h）、煤 0.34 元/kg、水 4.42 元/m³、木柴 0.18 元/kg。

七、本定额的人工、燃料动力单价是以定额编制期价格为依据确定，实际价格应根据预算编制期及工程所在地市场价格进行调整。

八、本定额收列价值在 2000 元以上、使用期限超过一年的施工机械。

九、本定额凡未列安拆费及场外运输费的项目，是指本项目不应考虑此项费用或不适于按台班摊销此项费用的机械。本定额机械台班单价中安拆费及场外运输费栏标有"＊"号的机械，其安拆费及场外运输费按 2018 年《重庆市房屋建筑与装饰工程计价定额》《重庆市市政工程计价定额》执行。

十、本定额其他费用栏标有"＊"号的，其年车船使用税、年检测费用及保险费按有关部门规定计算。

十一、本定额机械台班单价中不包括发生的过路、过桥费。

十二、本定额的盾构掘进机械台班单价中未包括安拆费及场外运费、人工费和燃料动力费。

十三、本定额顶管设备台班单价中未包括人工费。

1.土石方及筑路机械

1. 土石方及筑路机械

编码	机械名称	性能规格		机型	台班单价(元)	折旧费(元)	检修费(元)	维护费(元)	安拆费及场外运费(元)	人工费(元)	燃料动力费(元)	其他费用(元)	机上人工 工日	汽油 kg	柴油 kg	电 kW·h	煤 kg	水 m³
													120.00	6.75	5.64	0.70	0.34	4.42
990101005	履带式推土机	功率(kW)	50	中	568.45	25.84	11.62	30.21	*	300.00	200.78		2.50		35.60			
990101010			60	中	620.81	29.26	13.15	34.19	*	300.00	244.21		2.50		43.30			
990101015			75	大	818.62	80.22	33.26	86.48	*	300.00	318.66		2.50		56.50			
990101020			90	大	897.63	106.23	44.05	114.53	*	300.00	332.82		2.50		59.01			
990101025			105	大	945.95	121.56	50.41	131.07	*	300.00	342.91		2.50		60.80			
990101030			120	大	1051.32	155.00	64.28	167.13	*	300.00	364.91		2.50		64.70			
990101035			135	大	1105.36	171.93	71.30	185.38	*	300.00	376.75		2.50		66.80			
990101040			165	大	1370.05	240.33	99.66	259.12	*	300.00	470.94		2.50		83.50			
990101045			240	大	1721.73	327.56	135.85	273.06	*	300.00	685.26		2.50		121.50			
990101050			320	大	2096.05	404.40	167.71	310.26	*	300.00	913.68		2.50		162.00			
990102010	湿地推土机		105	大	945.78	137.14	47.90	117.83	*	300.00	342.91		2.50		60.80			
990102020			135	大	1160.04	218.84	76.43	188.02	*	300.00	376.75		2.50		66.80			
990102030			165	大	1371.41	271.91	94.96	233.60	*	300.00	470.94		2.50		83.50			
990103010	履带式松土机	松土深度(mm)	500	大	998.60	103.26	33.80	97.34	114.66	428.40	221.14		3.57		39.21			
990103020			1000	大	1099.60	110.15	36.06	103.85	114.66	428.40	306.48		3.57		54.34			
990104010	履带式除根机	清除宽度(mm)	1500	大	975.96	53.50	17.53	50.49	114.66	428.40	311.38		3.57		55.21			
990105010	履带式除荆机		4000	大	976.81	83.65	27.38	78.85	114.66	428.40	243.87		3.57		43.24			
990106010	履带式单斗液压挖掘机	斗容量(m³)	0.6	大	766.15	164.92	42.86	96.01	*	272.40	189.96		2.27		33.68			
990106020			0.8	大	987.01	200.24	74.30	156.77	*	272.40	283.30		2.27		50.23			
990106030			1	大	1078.60	209.33	77.67	163.88	*	272.40	355.32		2.27		63.00			
990106040			1.25	大	1253.33	250.55	92.96	196.15	*	272.40	441.27		2.27		78.24			
990106050			1.6	大	1331.81	278.78	103.44	218.26	*	272.40	458.93		2.27		81.37			
990106060			1.8	大	1377.71	295.50	109.65	231.36	*	272.40	468.80		2.27		83.12			
990106070			2	大	1394.81	297.78	110.48	233.11	*	272.40	481.04		2.27		85.29			
990106080			2.5	大	1490.69	313.08	116.17	245.12	*	272.40	543.92		2.27		96.44			
990106090			3	大	1639.01	374.35	138.90	293.08	*	272.40	560.28		2.27		99.34			

编码	机械名称	性能规格 斗容量(m³)	机型	台班单价 元	折旧费 元	检修费 元	维护费 元	安拆费及场外运费 元	人工费 元	燃料动力费 元	其他费用 元	机上人工 工日 120.00	汽油 kg 6.75	柴油 kg 5.64	电 kW·h 0.70	煤 kg 0.34	水 m³ 4.42
990107010	履带式单斗机械挖掘机	1	大	1005.16	189.89	70.46	195.88	*	272.40	276.53		2.27		49.03			4.42
990107020		1.5	大	1196.86	202.96	82.40	229.07	*	272.40	410.03		2.27		72.70			
990108010	轮胎式单斗液压挖掘机	0.2	大	424.82	44.26	19.89	52.91		124.80	170.50	12.46	1.04		30.23			
990108020		0.4	大	442.76	52.19	21.65	57.59		124.80	173.82	12.71	1.04		30.82			
990108030		0.6	大	453.52	55.43	22.99	61.15		124.80	176.19	12.96	1.04		31.24			
990109010	挖掘装载机	0.3	大	509.85	81.73	26.75	71.16		124.80	205.41		1.04		36.42			
990109020		0.35	大	591.36	113.53	37.19	98.93		124.80	216.91		1.04		38.46			
990110010	轮胎式装载机	0.5	大	477.80	29.27	10.38	36.95		124.80	263.44	12.96	1.04		46.71			
990110020		1	大	517.33	31.19	11.07	39.41		124.80	297.40	13.46	1.04		52.73			
990110030		1.5	大	610.59	56.35	18.45	65.68		124.80	331.35	13.96	1.04		58.75			
990110040		2	大	683.28	63.91	24.62	87.65		124.80	367.84	14.46	1.04		65.22			
990110050		2.5	大	759.74	78.76	25.79	91.81		124.80	423.62	14.96	1.04		75.11			
990110060		3	大	1021.36	114.61	37.52	133.57		249.60	470.60	15.46	2.08		83.44			
990110070		3.5	大	1088.16	120.59	39.48	140.55		249.60	521.98	15.96	2.08		92.55			
990110080		5	大	1255.77	142.50	46.65	166.07		249.60	633.99	16.96	2.08		112.41			
990111010	自行式铲运机	3	大	872.26	110.25	35.68	95.62		374.40	236.88	19.43	3.12		42.00			
990111020		4	大	998.10	158.18	51.18	137.16		374.40	257.75	19.43	3.12		45.70			
990111030		6	大	1051.59	167.81	54.06	144.88		374.40	290.63	19.81	3.12		51.53			
990111040		7	大	1081.54	172.57	55.59	148.98		374.40	309.81	20.19	3.12		54.93			
990111050		8	大	1110.71	176.88	56.98	152.71		374.40	329.55	20.19	3.12		58.43			
990111060		10	大	1163.33	181.39	59.38	159.14		374.40	368.46	20.56	3.12		65.33			
990111070		12	大	1264.97	216.60	70.92	190.07		374.40	392.04	20.94	3.12		69.51			
990111080		16	大	1462.28	260.17	85.18	228.28		374.40	492.94	21.31	3.12		87.40			
990112010	拖式铲运机	3	中	637.25	20.77	10.31	33.92		374.40	197.85		3.12		35.08			
990112020		7	大	908.51	67.79	31.08	102.25		374.40	332.99		3.12		59.04			
990112030		10	大	1010.69	83.40	38.23	125.78		374.40	388.88		3.12		68.95			
990112040		12	大	1081.58	96.11	44.05	144.92		374.40	422.10		3.12		74.84			

编码	机械名称	性能规格	机型	台班单价 元	折旧费 元	检修费 元	维护费 元	安拆费及场外运费 元	人工费 元	燃料动力费 元	其他费用 元	机上人工 工日	汽油 kg	柴油 kg	电 kW·h	煤 kg	水 m³
												120.00	6.75	5.64	0.70	0.34	4.42
990113010	平地机	功率(kW) 75	大	657.93	91.41	29.93	103.26		300.00	133.33		2.50		23.64			
990113020	平地机	90	大	737.33	96.65	31.64	109.16		300.00	199.88		2.50		35.44			
990113030	平地机	120	大	925.07	128.23	41.98	144.83		300.00	310.03		2.50		54.97			
990113040	平地机	132	大	997.22	144.61	47.34	163.32		300.00	341.95		2.50		60.63			
990113050	平地机	150	大	1100.39	169.69	55.56	191.68		300.00	383.46		2.50		67.99			
990113060	平地机	180	大	1271.08	207.65	67.97	234.50		300.00	460.96		2.50		81.73			
990113070	平地机	220	大	1480.43	256.46	83.96	289.66		300.00	550.35		2.50		97.58			
990114010	履带式拖拉机	50	中	559.19	22.76	7.54	20.21	*	300.00	208.68		2.50		37.00			
990114020	履带式拖拉机	60	中	601.54	24.32	8.05	21.57	*	300.00	247.60		2.50		43.90			
990114030	履带式拖拉机	75	大	760.72	50.46	28.20	75.58	*	300.00	306.48		2.50		54.34			
990114040	履带式拖拉机	90	大	884.06	93.52	42.86	114.86	*	300.00	332.82		2.50		59.01			
990114050	履带式拖拉机	105	大	934.57	98.67	45.24	121.24	*	300.00	369.42		2.50		65.50			
990114060	履带式拖拉机	120	大	1029.63	114.13	52.31	140.19	*	300.00	423.00		2.50		75.00			
990114070	履带式拖拉机	135	大	1070.27	117.25	53.74	144.02	*	300.00	455.26		2.50		80.72			
990114080	履带式拖拉机	165	大	1233.00	165.68	75.94	203.52	*	300.00	487.86		2.50		86.50			
990115010	手扶式拖拉机	9	中	220.68	6.07	2.15	4.54		150.00	57.92		1.25		10.27			
990116010	轮胎式拖拉机	21	中	285.38	14.78	5.24	11.06		150.00	98.70	5.60	1.25		17.50			
990116020	轮胎式拖拉机	41	中	404.61	26.52	9.42	19.88		150.00	192.89	5.90	1.25		34.20			
990116030	轮胎式拖拉机	75	中	552.56	47.90	17.00	35.87		150.00	295.59	6.20	1.25		52.41			
990117010	拖式单筒羊角碾	工作质量(t) 3	小	18.66	4.18	0.72	4.20	9.56									
990118010	拖式双筒羊角碾	6	小	31.05	7.60	1.04	6.07	16.34									
990119010	手扶式振动压实机	1	小	61.21	12.98	2.14	8.26	5.63		32.20				5.71			

机械台班费用表（单位价格）

编码	机械名称	性能规格	机型	台班单价(元)	折旧费(元)	检修费(元)	维护费(元)	安拆费及场外运费(元)	人工费(元)	燃料动力费(元)	其他费用(元)	机上人工(工日)	汽油(kg)	柴油(kg)	电(kW·h)	煤(kg)	水(m³)
									120.00				6.75	5.64	0.70	0.34	4.42
990120010	钢轮内燃压路机	工作质量(t) 6	大	325.59	46.70	14.27	45.81	*	150.00	68.81		1.25		12.20			
990120020		8	大	373.79	49.06	14.99	48.12	*	150.00	111.62		1.25		19.79			
990120030		12	大	480.22	65.28	19.94	64.01	*	150.00	180.99		1.25		32.09			
990120040		15	大	566.96	76.42	23.35	74.95	*	150.00	242.24		1.25		42.95			
990120050		18	大	798.13	84.32	25.77	82.72	*	150.00	455.32		1.25		80.73			
990120060		20	大	908.56	103.66	31.68	101.69	*	150.00	521.53		1.25		92.47			
990120070		25	大	1011.71	131.78	40.27	129.27	*	150.00	560.39		1.25		99.36			
990121010	轮胎压路机	9	中	398.51	31.41	9.60	38.30		150.00	169.20	*	1.25		30.00			
990121020		16	大	638.05	91.45	27.94	111.48		150.00	257.18	*	1.25		45.60			
990121030		20	大	750.66	106.70	32.60	130.07		150.00	331.29	*	1.25		58.74			
990121040		26	大	845.94	120.80	36.92	147.31		150.00	390.91	*	1.25		69.31			
990121050		30	大	963.93	147.19	44.98	179.47		150.00	442.29	*	1.25		78.42			
990122010	钢轮振动压路机	6	大	386.56	49.58	20.56	63.32	*	150.00	103.10		1.25		18.28			
990122020		8	大	518.22	70.07	29.05	89.47	*	150.00	179.63		1.25		31.85			
990122030		10	大	607.40	74.73	30.99	95.45	*	150.00	256.23		1.25		45.43			
990122040		12	大	734.11	93.37	38.72	119.26	*	150.00	332.76		1.25		59.00			
990122050		15	大	964.80	121.87	50.54	155.66	*	150.00	486.73		1.25		86.30			
990122060		18	大	1100.72	129.70	53.79	165.67	*	150.00	601.56		1.25		106.66			
990122070		25	大	1425.49	256.95	73.53	226.47	*	150.00	718.54		1.25		127.40			
990123010	电动夯实机	夯击能力(N·m) 250	小	26.61	3.50	0.79	3.67	7.03		11.62					16.60		
990123020		200—620	小	27.58	3.85	0.90	4.18	7.03		11.62					16.60		
990124010	内燃夯实机	700	小	27.69	4.13	0.93	4.32	7.03		11.28				2.00			
990125010	振动平板夯	激振力(kN) 20	小	34.16	6.38	1.42	6.59	7.03		12.74					18.20		
990126010	振动冲击夯	30	小	38.09	10.25	2.30	10.67	7.03		7.84					11.20		

编码	机械名称	性能规格	机型	台班单价 元	折旧费 元	检修费 元	维护费 元	安拆费及场外运费 元	人工费 元	燃料动力费 元	其他费用 元	机上人工 工日	汽油 kg	柴油 kg	电 kW·h	煤 kg	水 m³
												120.00	6.75	5.64	0.70	0.34	4.42
990127010	强夯机械	夯击能量(kN·m) 1200	大	855.62	281.87	27.23	61.81	*	300.00	184.71		2.50		32.75			
990127020		2000	大	1125.57	399.19	56.64	128.57	*	300.00	241.17		2.50		42.76			
990127030		3000	大	1401.18	539.27	76.51	173.68	*	300.00	311.72		2.50		55.27			
990127040		4000	大	1588.59	617.41	87.59	198.83	*	300.00	384.76		2.50		68.22			
990127050		5000	大	1775.02	693.83	98.43	223.44	*	300.00	459.32		2.50		81.44			
990127060		6000	大	1960.49	768.75	108.97	247.36	*	300.00	535.41		2.50		94.93			
990127070		8000	大	2329.56	916.94	129.98	295.07	*	300.00	687.57		2.50		121.91			
990127080		10000	大	2624.50	1014.42	143.80	326.43	*	300.00	839.85		2.50		148.91			
990128010	风动凿岩机	气腿式	小	14.30	3.48	0.82	5.78	4.22									
990129010	手持式内燃凿岩机	手持式	小	12.25	2.64	0.67	4.72	4.22									
990130010		凿孔深度(mm) 6	小	90.50	4.99	1.11	7.99	4.22		72.19		2.78		12.80			
990131010	凿岩台车	轮胎式	大	420.65	61.03	2.74	5.12	18.16	333.60			2.78					
990132010		履带式	大	552.23	90.20	40.54	69.73	18.16	333.60			2.78					
990133010	履带式锚杆钻孔机	锚杆直径(mm) 25	大	1386.61	472.04	103.03	184.42	*	300.00	327.12		2.50		58.00			
990133020		32	大	1874.38	734.12	160.23	286.81	*	300.00	393.22		2.50		69.72			
990134010	气动装岩机	斗容量(m³) 0.12	小	389.02	15.79	7.10	14.63	18.16	333.34			2.78					
990135010	电动装岩机	0.2	中	441.67	21.04	9.45	16.07	18.16	333.34	43.61		2.78			62.30		
990135020		0.4	中	473.48	21.80	9.80	16.66	18.16	333.34	73.72		2.78			105.32		
990135030		0.5	中	495.24	25.97	11.67	19.84	18.16	333.34	86.26		2.78			123.23		
990135040		0.6	中	519.38	30.22	12.53	21.30	18.16	333.34	103.83		2.78			148.33		
990136010	立爪扒渣机		大	882.18	186.44	61.03	139.76	10.62	333.34	150.99		2.78			215.70		
990137010	梭式矿车	装载容量(m³) 8	中	620.00	45.27	16.06	14.78	10.62	166.67	366.60		1.39		65.00			
990138010	稳定土拌和机	功率(kW) 90	大	816.73	76.93	30.22	76.76		300.00	332.82		2.50		59.01			
990138020		105	大	853.33	91.28	35.87	91.11		300.00	335.07		2.50		59.41			
990138030		135	大	1053.56	173.15	68.03	172.80		300.00	339.58		2.50		60.21			

编码	机械名称	性能规格	机型	台班单价	折旧费	检修费	维护费	安拆费及场外运费	人工费	燃料动力费	其他费用	人工及燃料动力用量					
												机上人工	汽油	柴油	电	煤	水
				元	元	元	元	元	元	元	元	工日	kg	kg	kW·h	kg	m³
												120.00	6.75	5.64	0.70	0.34	4.42
990138040	稳定土拌和机	功率(kW) 230	大	1116.91	195.07	76.64	194.67		300.00	350.53		2.50		62.15			
990139010	车载式碎石撒布机	撒布宽度(mm) 3000	中	446.75	23.51	4.18	12.87		187.49	218.70		1.56	32.40				
990140010	汽车式沥青喷洒机	箱容量(L) 4000	大	778.85	109.27	42.93	72.55		300.00	210.80	43.30	2.50	31.23				
990140020		7500	大	992.24	191.77	82.95	140.19		300.00	225.77	51.56	2.50		40.03			
990141010	沥青混凝土拌和站	生产率(t/h) 10	大	1405.94	46.36	18.21	46.25		300.00	995.12		2.50		176.44			
990141020		15	大	1668.98	103.70	40.74	103.48		300.00	1121.06		2.50		198.77			
990141030		20	大	1848.02	120.42	47.32	120.19		300.00	1260.09		2.50		223.42			
990141040		30	大	2157.80	143.09	56.22	142.80		300.00	1515.69		2.50		268.74			
990141050		60	大	3061.35	249.79	98.13	249.25		300.00	2164.18		2.50		383.72			
990141060		100	大	3509.07	318.19	125.00	317.50		300.00	2448.38		2.50		434.11			
990141070		150	大	5139.05	463.52	182.11	462.56		300.00	3730.86		2.50		661.50			
990142010	沥青混凝土摊铺机	装载质量(t) 4	大	785.55	73.04	32.46	63.95	*	399.96	216.14		3.33		30.45			
990142020		6	大	837.70	114.32	51.07	100.61	*	399.96	171.74		3.33		40.03			
990142030		8	大	1165.37	152.16	63.11	124.33	*	600.00	225.77		5.00		60.04			
990142040		12	大	1399.04	198.87	88.06	173.48	*	600.00	338.63		5.00		65.42			
990142050		13	大	1782.31	315.51	167.62	330.21	*	600.00	368.97		5.00		70.36			
990142060		14	大	2154.78	431.19	244.70	482.06	*	600.00	396.83		5.00		76.10			
990142070		15	大	2740.91	590.06	377.66	743.99	*	600.00	429.20		5.00					
990143010	路面铣刨机	宽度(mm) 300	大	584.66	51.87	10.19	31.39	31.71	166.67	292.83		1.39		51.92			
990143020		350	大	769.66	150.53	29.57	91.08	31.71	166.67	300.10		1.39		53.21			
990143030		500	大	841.08	177.70	34.83	107.28	31.71	166.67	322.89		1.39		57.25			
990143040		1000	大	957.38	236.27	46.41	142.94	31.71	166.67	333.38		1.39		59.11			
990143050		2000	大	2588.77	1129.03	221.78	683.08	31.71	166.67	356.50		1.39		63.21			
990144010	电动路面铣刨机	功率(kW) 7.5	中	264.53	13.40	2.84	8.75	18.16	166.67	54.71		1.39		9.70			
990145010	路面再生机	宽度×深度(mm) 2300×400	大	1217.58	454.75	44.67	137.58		375.00	205.58	17.55	3.13		36.45			
990146010	汽车式路面划线机	喷涂宽度(mm) 450	大	497.77	57.79	20.50	34.65		166.67	200.61		1.39	29.72				

编码	机械名称	性能规格	机型	台班单价 元	费用组成						人工及燃料动力用量							
					折旧费 元	检修费 元	维护费 元	安拆费及场外运费 元	人工费 元	燃料动力费 元	其他费用 元	机上人工 工日	汽油 kg	柴油 kg	电 kW·h	煤 kg	水 m³
												120.00	6.75	5.64	0.70	0.34	4.42
990147010	颚式破碎机	进料口（mm×mm） 250×400	小	278.82	19.00	2.03	27.51		187.44	42.84		1.56			61.20		
990147020		250×500	中	307.76	27.43	2.92	39.57		187.44	50.40		1.56			72.00		
990147030		400×600	中	370.08	43.46	4.37	59.21		187.44	75.60		1.56			108.00		
990147040		500×750	大	505.85	70.54	7.51	101.76		187.44	138.60		1.56			198.00		
990147050		600×900	大	639.03	98.09	10.44	141.46		187.44	201.60		1.56			288.00		
990148010	移动式颚式破碎机	250×440	小	350.38	20.13	2.14	29.00		187.44	111.67		1.56		19.80			
990149010	履带式液压岩石破碎机	HB20G	大	427.56	117.86	11.58	30.80	35.68	187.44	44.20		1.56			63.14		
990149020		HB30G	大	458.05	134.01	13.16	35.01	35.68	187.44	52.75		1.56			75.36		
990149030		HB40G	大	478.03	144.16	14.16	37.67	35.68	187.44	58.92		1.56			84.17		
990149040	履带式单斗液压岩石破碎机		大	1150.53	244.90	89.36	188.55	*	272.40	355.32		2.27		63.00			
990150010	凿岩电钻		小	28.08	3.10	2.02	14.24		120.00	8.72		1.00			12.45		
990151010	锯缝机		小	158.97	18.62	1.96	6.21	3.08	120.00	9.10		1.00			13.00		
990152010	砼路面刻槽机		小	173.27	12.21	3.50	11.10		120.00	26.46		1.00			37.80		
990153010	稀浆封层车	宽 0.5～3.5m	大	2719.52	681.15	263.33	950.62		240.00	584.42		2.00		103.62			
990154010	自行式热熔化线车		中	198.20	23.24	4.25	17.03		120.00	33.68		1.00	4.99				
990155010	手推式热熔化线车		小	173.74	15.82	3.25	13.00		120.00	21.67		1.00	3.21				
990156010	热熔釜熔解车		大	576.99	55.81	9.30	30.16		240.00	241.72		2.00	35.81				
990157010	履带式液压潜孔钻机	100mm 以内	大	576.18	82.99	25.56	53.68	*	150.00	263.95		1.25		46.80			
990157020		150mm 以内	大	618.12	93.83	29.04	60.99	*	150.00	284.26		1.25		50.40			
990158010	挖机钻机		大	1150.53	244.90	89.36	188.55	*	272.40	355.32		2.27		63.00			
990159010	抓铲挖掘机	m³ 0.5	大	656.96	102.65	23.12	64.30		240.00	226.90		2.00		40.23			
990159020	抓铲挖掘机	m³ 1	大	851.37	139.32	30.26	84.15		240.00	357.63		2.00		63.41			

2.桩工机械

2.桩工机械

编码	机械名称	性能规格	机型	台班单价 元	折旧费 元	检修费 元	维护费 元	安拆费及场外运费 元	人工费 元	燃料动力费 元	其他费用 元	机上人工 工日	汽油 kg	柴油 kg	电 kW·h	煤 kg	水 m³
												120.00	6.75	5.64	0.70	0.34	4.42
990201010	履带式柴油打桩机	冲击质量(t) 2.5	大	825.02	243.38	23.90	46.61	*	260.88	250.25		2.17		44.37			
990201020		3.5	大	1054.90	410.89	38.22	74.53	*	260.88	270.38		2.17		47.94			
990201030		5	大	1781.89	943.46	92.67	180.71	*	260.88	304.17		2.17		53.93			
990201040		7	特	1957.93	1070.51	105.14	197.66	*	260.88	323.74		2.17		57.40			
990201050		8	特	2046.44	1131.84	111.17	209.00	*	260.88	333.55		2.17		59.14			
990202010	轨道式柴油打桩机	冲击质量(t) 0.6	大	367.85	32.79	7.37	16.66	*	260.88	50.15		2.17		7.00	15.24		
990202020		0.8	大	403.41	38.25	8.60	19.44	*	260.88	76.24		2.17		9.00	36.40		
990202030		1.2	大	635.09	97.71	20.26	45.79	*	260.88	210.45		2.17		28.80	68.60		
990202040		1.8	大	718.06	119.45	24.77	55.98	*	260.88	256.98		2.17		33.40	98.00		
990202050		2.5	大	966.11	213.61	44.16	99.80	*	260.88	347.66		2.17		46.50	122.00		
990202060		3.5	大	1302.97	358.89	74.41	168.17	*	260.88	440.62		2.17		56.90	171.00		
990202070		4	大	1402.02	392.46	81.38	183.92	*	260.88	483.38		2.17		61.70	193.42		
990202080		5	大	1459.26	400.83	83.11	187.83	*	260.88	526.61		2.17		66.87	213.52		
990202090		7	大	1574.48	442.31	91.72	207.29	*	260.88	572.28		2.17		71.42	242.10		
990203010	步履式电动打桩机	功率(kW) 45	大	870.11	149.47	40.40	132.92	69.79	260.88	216.65		2.17			309.50		
990203020		60	大	988.03	194.22	52.99	174.34	69.79	260.88	235.81		2.17			336.87		
990203030		90	大	1038.58	215.26	58.73	193.22	69.79	260.88	240.70		2.17			343.86		
990203040		200	大	1087.97	230.15	62.79	206.58	69.79	260.88	257.78		2.17			368.25		
990204010	重锤打桩机	冲击质量(t) 0.6	大	389.89	88.14	3.85	7.51	69.79	130.44	90.16		1.09			128.80		
990205010	振动沉拔桩机	激振力(kN) 300	大	886.02	213.06	9.30	51.06	89.18	333.24	190.18		2.78		17.43	131.25		
990205020		400	大	1042.73	271.65	11.86	65.11	89.18	333.24	271.69		2.78		24.90	187.50		
990205030		500	大	1220.21	357.04	15.58	85.53	89.18	333.24	339.64		2.78		31.13	234.38		
990205040		600	大	1339.47	397.05	17.33	95.14	89.18	333.24	407.53		2.78		37.35	281.25		

编码	机械名称	性能规格	机型	台班单价 元	折旧费 元	检修费 元	维护费 元	安拆费及场外运费 元	人工费 元	燃料动力费 元	其他费用 元	机上人工 工日	汽油 kg	柴油 kg	电 kW·h	煤 kg	水 m³
												120.00	6.75	5.64	0.70	0.34	4.42
990206005	静力压桩机（液压）	压力(kN) 900	大	1155.78	299.82	98.17	360.28	*	333.24	64.27		2.78			91.81		
990206010		1200	大	1414.90	393.60	128.86	472.92	*	333.24	86.28		2.78			123.25		
990206015		1600	大	1834.11	526.56	172.40	708.56	*	333.24	93.35		2.78			133.36		
990206020		2000	大	2710.32	725.24	237.43	975.84	*	333.24	438.57		2.78		77.76			
990206025		3000	大	3184.19	886.71	290.30	1193.13	*	333.24	480.81		2.78		85.25			
990206030		4000	大	3489.82	979.65	319.78	1314.30	*	333.24	542.85		2.78		96.25			
990206035		5000	大	3549.42	987.48	323.29	1328.72	*	333.24	576.69		2.78		102.25			
990206040		6000	大	3639.74	1006.48	329.52	1354.33	*	333.24	616.17		2.78		109.25			
990206045		8000	大	3747.02	1038.29	339.93	1397.11	*	333.24	638.45		2.78		113.20			
990206050		10000	大	3892.59	1066.35	349.13	1434.92	*	333.24	708.95		2.78		125.70			
990207010	汽车式钻机	孔径(mm) 400	大	838.91	73.80	19.33	53.16		300.00	377.07	15.55	2.50	47.40		81.60		
990207020		1000	大	888.83	120.97	31.68	87.12		300.00	332.91	16.15	2.50		48.80	82.40		
990207030		2000	大	1087.78	143.34	37.55	103.26		300.00	486.88	16.75	2.50		76.00	83.20		
990208010	潜水钻机	800	大	611.28	46.78	15.32	41.21	80.26	300.00	127.71		2.50			182.44		
990208020		1250	大	630.80	55.23	18.09	48.66	80.26	300.00	128.56		2.50			183.66		
990208030		1500	大	729.45	88.75	29.05	78.14	80.26	300.00	153.25		2.50			218.93		
990208040		2500	大	848.67	120.97	39.60	106.52	80.26	300.00	201.32		2.50			287.60		
990209010	回旋钻机	500	大	574.87	79.28	9.38	19.51	80.26	300.00	86.44		2.50			123.48		
990209020		800	大	634.33	115.62	12.62	26.25	80.26	300.00	99.58		2.50			142.25		
990209030		1000	大	656.63	121.08	13.21	27.48	80.26	300.00	114.60		2.50			163.72		
990209040		1500	大	679.16	123.79	13.51	28.10	80.26	300.00	133.50		2.50			190.72		
990209050		2000	大	734.62	148.30	16.18	33.65	80.26	300.00	156.23		2.50			223.19		
990209060		2500	大	769.45	158.08	17.25	35.88	80.26	300.00	177.98		2.50			254.26		

编码	机械名称	性能规格		机型	台班单价	费用组成							人工及燃料动力用量					
						折旧费	检修费	维护费	安拆费及场外运费	人工费	燃料动力费	其他费用	机上人工	汽油	柴油	电	煤	水
					元	元	元	元	元	元	元	元	工日	kg	kg	kW·h	kg	m³
													120.00	6.75	5.64	0.70	0.34	4.42
990210010	螺旋钻机	孔径(mm)	400	大	599.10	98.52	4.66	29.22	80.26	300.00	86.44		2.50			123.48		
990210020			600	大	658.09	112.34	5.31	33.29	80.26	300.00	126.89		2.50			181.27		
990210030			800	大	763.52	179.12	8.47	53.11	80.26	300.00	142.56		2.50			203.65		
990210040			1200	大	1060.53	387.79	16.93	106.15	80.26	300.00	169.40		2.50			242.00		
990211010	冲击成孔机		700	大	508.23	61.48	14.54	29.23	80.26	300.00	22.72		2.50			32.46		
990211020			1000	大	544.79	79.76	18.86	37.91	80.26	300.00	28.00		2.50			40.00		
990212010	履带式旋挖钻机	孔径(mm)	800	大	1678.60	382.87	62.68	130.37	*	300.00	802.68		2.50		142.32			
990212020			1000	大	1797.51	446.04	73.01	151.86	*	300.00	826.60		2.50		146.56			
990212030			1200	大	2047.65	587.27	96.14	199.97	*	300.00	864.27		2.50		153.24			
990212040			1500	大	2456.81	817.76	133.86	278.43	*	300.00	926.76		2.50		164.32			
990212050			1800	大	2926.80	1115.09	182.54	379.68	*	300.00	949.49		2.50		168.35			
990212060			2000	大	3228.75	1300.95	212.96	442.96	*	300.00	971.88		2.50		172.32			
990212061			2200	大	3531.05	1487.35	243.32	506.10	*	300.00	994.28		2.50		176.29			
990212062			2500	大	3948.20	1728.90	294.98	607.32	*	300.00	1017.00		2.50		180.32			
990213010	粉喷桩机			大	576.61	98.50	9.32	18.73	80.26	300.00	69.80		2.50		99.72			
990214010	旋喷桩机	孔径(mm)	600	大	558.24	79.93	3.49	7.26	80.26	300.00	87.30		2.50			124.72		
990214020			800	大	582.53	91.79	4.00	8.32	80.26	300.00	98.16		2.50			140.23		
990214030			1200	大	590.43	97.36	4.25	8.84	80.26	300.00	99.72		2.50			142.46		
990215010	三轴搅拌桩机	轴径(mm)	650	大	558.80	147.57	12.88	37.22	*	272.64	88.49		2.27			126.42		
990215020			850	大	721.68	253.50	22.12	63.93	*	272.64	109.49		2.27			156.42		
990216010	袋装砂井机不带门架	功率(kW)	7.5	大	469.41	53.11	6.28	17.08	28.54	300.00	64.40		2.50			92.00		
990217010	袋装砂井机带门架		20	大	537.82	69.02	8.16	22.20	28.54	300.00	109.90		2.50			157.00		

编码	机械名称	性能规格	机型	台班单价 元	折旧费 元	检修费 元	维护费 元	安拆费及场外运费 元	人工费 元	燃料动力费 元	其他费用 元	机上人工 工日	汽油 kg	柴油 kg	电 kW·h	煤 kg	水 m³
	单价											120.00	6.75	5.64	0.70	0.34	4.42
990218010	气动灌浆机		小	11.17	3.17	0.38	1.99	5.63									
990219010	电动灌浆机		小	24.79	4.51	0.53	2.78	5.63		11.34					16.20		
990220010	锚孔钻机	φ150mm以内	中	274.34	23.84	8.58	18.02	0.50	150.00	73.40		1.25			104.85		
990220020	锚孔钻机	φ200mm以内	中	346.72	34.09	11.96	25.11	0.59	150.00	124.97		1.25			178.53		
990220030	锚孔钻机	φ250mm以内	中	422.82	46.50	16.74	35.15	0.68	150.00	173.75		1.25			248.21		
990221010	液压拔管机		小	246.18	16.41	2.44	7.33		150.00	70.00		1.25			100.00		
990222010	振冲器	55kW	大	505.48	35.46	7.11	31.98		240.00	190.93		2.00			272.75		
990223010	冲击钻机	22型(电动)	中	483.84	76.24	12.32	24.72		300.00	70.56		2.50			100.80		
990224010	φ150水磨钻	功率(kW) 2.5	小	14.34	1.86	1.90	4.03			6.55					9.36		
990225010	平行水钻机	功率(kW) 4.5	小	36.52	4.60	2.16	7.17			22.59					32.27		
990226010	高压旋喷钻机		大	554.15	138.23	31.87	143.40		150.00	90.65		1.25			129.50		
990227010	矿用斗车	m³ 0.6	中	29.25	21.11	2.02	6.12										
990228010	振动锤	能力(kN) 300	中	488.03	69.32	25.18	60.44	4.19	240.00	88.90		2.00			127.00		
990228020	振动锤	能力(kN) 500	大	600.11	97.00	35.02	84.05	4.89	240.00	139.15		2.00			198.78		
990229010	单重管旋喷机		大	501.14	138.23	41.87	80.39		150.00	90.65		1.25			129.50		
990229020	双重管旋喷机		大	1091.49	295.35	74.77	143.56		300.00	277.82		2.50		33.62	126.00		
990229030	三重管旋喷机		大	1163.15	315.44	76.28	146.46		300.00	324.97		2.50		40.74	136.00		
990230010	振动打拔桩锤	600kN以内	大	695.75	121.87	44.00	105.59	5.38	240.00	178.91		2.00			255.58		
990231010	地源热泵钻机	RP-150	中	346.72	34.09	11.96	25.11	0.59	150.00	124.97		1.25			178.53		

3.起重机械

3.起重机械

编码	机械名称	性能规格 提升质量(t)	机型	台班单价 元	费用组成 折旧费 元	检修费 元	维护费 元	安拆费及场外运费 元	人工费 元	燃料动力费 元	其他费用 元	人工及燃料动力用量 机上人工 工日 120.00	汽油 kg 6.75	柴油 kg 5.64	电 kW·h 0.70	煤 kg 0.34	水 m³ 4.42
990301010	履带式电动起重机	3	大	213.58	43.02	2.55	5.99		133.32	28.70		1.11			41.00		
990301020		5	大	228.18	44.12	2.61	6.13		133.32	42.00		1.11			60.00		
990301030		40	大	1106.13	466.85	25.48	59.88	*	266.64	287.28		2.22			410.40		
990301040		50	大	1162.30	478.38	26.10	61.34	*	266.64	329.84		2.22			471.20		
990302005	履带式起重机	5	大	479.40	68.57	14.19	26.11	*	266.64	103.89		2.22		18.42			
990302010		10	大	591.72	120.97	25.08	46.15	*	266.64	132.88		2.22		23.56			
990302015		15	大	704.65	170.87	35.44	65.21	*	266.64	166.49		2.22		29.52			
990302020		20	大	722.65	177.84	36.88	67.86	*	266.64	173.43		2.22		30.75			
990302025		25	大	764.02	181.77	37.69	69.35	*	266.64	208.57		2.22		36.98			
990302030		30	大	870.89	232.60	48.23	88.74	*	266.64	234.68		2.22		41.61			
990302035		40	大	1235.46	459.04	95.18	175.13	*	266.64	239.47		2.22		42.46			
990302040		50	特	1354.21	528.20	109.52	201.52	*	266.64	248.33		2.22		44.03			
990302045		60	特	1436.26	568.69	117.92	216.97	*	266.64	266.04		2.22		47.17			
990302050		70	特	1644.77	678.22	140.28	258.12	*	266.64	301.51		2.22		53.46			
990302055		80	特	2159.58	970.14	200.65	369.20	*	266.64	352.95		2.22		62.58			
990302060		90	特	2556.73	1208.02	249.86	459.86	*	266.64	372.47		2.22		66.04			
990302065		100	特	2740.89	1308.38	270.61	497.92	*	266.64	397.34		2.22		70.45			
990302070		140	特	3784.07	1958.86	405.15	745.48	*	266.64	407.94		2.22		72.33			
990302075		150	特	3913.97	2029.50	419.76	772.36	*	266.64	425.71		2.22		75.48			
990302080		200	特	4875.85	2590.76	535.84	985.95	*	266.64	496.66		2.22		88.06			
990302085		250	特	5820.07	3140.87	649.63	1195.32	*	266.64	567.61		2.22		100.64			
990302090		300	特	6439.72	3486.54	721.12	1326.86	*	266.64	638.56		2.22		113.22			

编码	机械名称	性能规格 提升质量(t)	机型	台班单价 元	费用组成							机上人工 工日	人工及燃料动力用量				
					折旧费 元	检修费 元	维护费 元	安拆费及 场外运费 元	人工费 元	燃料 动力费 元	其他 费用 元		汽油 kg	柴油 kg	电 kW·h	煤 kg	水 m³
									120.00				6.75	5.64	0.70	0.34	4.42
990303010	轮胎式起重机	8	大	597.74	76.67	21.75	66.34		240.00	180.54	12.44	2.00		32.01			
990303020		16	大	744.46	133.38	37.85	115.44		240.00	204.39	13.40	2.00		36.24			
990303030		20	大	923.12	202.45	57.45	175.22		240.00	234.12	13.88	2.00		41.51			
990303040		25	大	963.44	208.53	59.17	180.47		240.00	260.91	14.36	2.00		46.26			
990303050		40	大	1181.24	266.13	75.51	230.31		240.00	353.97	15.32	2.00		62.76			
990303060		50	大	1439.87	380.25	108.29	330.28		240.00	365.25	15.80	2.00		64.76			
990303070		60	大	1596.36	443.24	126.23	385.00		240.00	385.61	16.28	2.00		68.37			
990304001	汽车式起重机	5	大	473.39	70.73	26.20	54.23		150.00	157.28	14.95	1.25	23.30				
990304004		8	大	705.33	95.30	43.69	90.44		300.00	160.35	15.55	2.50		28.43			
990304008		10	大	774.99	121.85	55.72	115.34		300.00	165.93	16.15	2.50		29.42			
990304012		12	大	797.85	128.52	58.92	121.96		300.00	172.30	16.15	2.50		30.55			
990304016		16	大	898.02	157.49	72.18	149.41		300.00	202.19	16.75	2.50		35.85			
990304020		20	大	968.56	180.54	82.75	171.29		300.00	216.63	17.35	2.50		38.41			
990304024		25	大	1021.41	196.80	90.21	186.73		300.00	229.72	17.95	2.50		40.73			
990304028		30	大	1062.16	210.18	96.34	199.42		300.00	237.67	18.55	2.50		42.14			
990304032		32	大	1190.79	259.24	118.84	246.00		300.00	248.16	18.55	2.50		44.00			
990304036		40	大	1456.19	358.68	164.40	340.31		300.00	273.65	19.15	2.50		48.52			
990304040		50	大	2390.17	738.38	338.44	700.57		300.00	292.83	19.95	2.50		51.92			
990304044		60	特	2851.01	920.32	420.89	871.24		300.00	318.21	20.35	2.50		56.42			
990304048		70	特	2931.26	945.31	432.29	894.84		300.00	338.17	20.65	2.50		59.96			
990304052		75	特	3071.85	997.71	456.27	944.48		300.00	352.44	20.95	2.50		62.49			
990304056		80	特	3619.33	1221.02	558.39	1155.87		300.00	363.10	20.95	2.50		64.38			
990304060		90	特	4141.89	1431.04	654.44	1354.69		300.00	380.47	21.25	2.50		67.46			
990304064		100	特	4565.33	1588.27	726.34	1503.52		300.00	425.65	21.55	2.50		75.47			
990304068		110	特	6602.20	2427.19	1109.99	2297.68		300.00	445.79	21.55	2.50		79.04			
990304072		120	特	7616.89	2843.50	1300.37	2691.77		300.00	459.10	22.15	2.50		81.40			
990304076		125	特	7974.70	2955.01	1351.36	2797.32		300.00	548.26	22.75	2.50		97.21			
990304080		150	特	8255.82	3062.80	1400.66	2899.37		300.00	569.64	23.35	2.50		101.00			
990304084		160	特	8668.52	3215.22	1470.36	3043.65		300.00	615.94	23.35	2.50		109.21			
990304088		200	特	9660.98	3618.49	1654.78	3425.39		300.00	638.67	23.65	2.50		113.24			

编码	机械名称	性能规格	机型	台班单价 元	折旧费 元	检修费 元	维护费 元	安拆费及场外运费 元	人工费 元	燃料动力费 元	其他费用 元	机上人工 工日	汽油 kg	柴油 kg	电 kW·h	煤 kg	水 m³
												120.00	6.75	5.64	0.70	0.34	4.42
990305010	叉式起重机	提升质量(t) 3	大	452.38	43.20	14.30	49.62		166.66	178.61		1.39	26.46				
990305020		5	大	454.96	54.10	17.90	62.11		166.66	154.20		1.39		27.34			
990305030		6	大	492.67	65.96	21.84	75.78		166.66	162.43		1.39		28.80			
990305040		10	大	694.07	122.50	37.44	190.94		166.66	176.53		1.39		31.30			
990305050		16	大	805.58	153.31	46.86	238.99		166.66	199.77		1.39		35.42			
990305060		20	大	922.00	188.19	57.50	293.25		166.66	216.41		1.39		38.37			
990305070	手动液压叉车		中	115.38	55.88	13.31	46.19										
990306005	自升式塔式起重机	起重力矩(kN·m) 400	大	522.09	99.64	21.75	45.68	*	240.00	115.02		2.00			164.31		
990306010		600	大	545.50	112.78	24.62	51.70	*	240.00	116.40		2.00			166.29		
990306015		800	大	593.18	140.03	30.56	64.18	*	240.00	118.41		2.00			169.16		
990306020		1000	大	689.89	197.36	43.07	90.45	*	240.00	119.01		2.00			170.02		
990306025		1250	大	712.42	204.20	44.57	93.60	*	240.00	130.05		2.00			185.78		
990306030		1500	大	770.01	233.35	50.93	106.95	*	240.00	138.78		2.00			198.25		
990306035		2500	大	966.46	322.21	70.33	147.69	*	240.00	186.23		2.00			266.04		
990306040		3000	特	1075.81	375.09	81.87	171.93	*	240.00	206.92		2.00			295.60		
990306045		4500	特	1528.39	567.61	123.89	260.17	*	360.00	216.72		3.00			309.60		
990306050		5000	特	2474.76	1127.84	246.17	516.96	*	360.00	223.79		3.00			319.70		
990307010	电动单梁起重机	提升质量(t) 5	大	203.09	39.19	4.17	9.05		124.99	25.69		1.04			36.70		
990307020		10	大	249.33	67.96	7.23	15.69		124.99	33.46		1.04			47.80		
990308010	桥式起重机	5	大	235.99	57.40	6.11	13.26		124.99	34.23		1.04			48.90		
990308020		15	大	274.07	85.10	9.06	19.66		124.99	35.26		1.04			50.37		
990308030		20	大	356.29	161.34	9.54	20.70		124.99	39.72		1.04			56.74		
990308040		30	大	424.07	217.43	12.86	27.91		124.99	40.87		1.04			58.39		
990308050		50	大	538.22	312.35	18.47	40.08		124.99	42.33		1.04			60.47		
990308060		75	大	676.95	436.29	22.72	49.30		124.99	43.65		1.04			62.36		
990308070		提升质量(t) 100	大	888.06	612.04	33.40	72.48		124.99	45.14		1.04			64.49		
990308080		150	大	964.04	670.66	36.60	79.42		124.99	52.37		1.04			74.81		
990309010	门式起重机	5	中	343.03	29.56	4.19	11.40		260.88	37.00		2.17			52.85		
990309020		10	大	430.32	70.44	10.00	27.20		260.88	61.80		2.17			88.29		
990309030		20	大	604.77	151.65	19.86	27.41		260.88	144.97		2.17			207.10		
990309040		30	大	702.45	212.98	27.90	38.50		260.88	162.19		2.17			231.70		
990309050		40	大	829.64	265.23	34.74	47.94		260.88	220.85		2.17			315.50		
990309060		50	大	1061.38	428.84	56.16	77.50		260.88	238.00		2.17			340.00		
990309070		75	大	1268.22	571.48	74.84	103.28		260.88	257.74		2.17			368.20		

编码	机械名称	性能规格		机型	台班单价 元	折旧费 元	检修费 元	维护费 元	安拆费及场外运费 元	人工费 元	燃料动力费 元	其他费用 元	机上人工 工日	汽油 kg	柴油 kg	电 kW·h	煤 kg	水 m³
													120.00	6.75	5.64	0.70	0.34	4.42
990310010	桅杆式起重机	提升质量(t)	5	大	435.60	35.50	4.19	17.60	28.54	300.00	49.77		2.50			71.10		
990310020			10	大	477.65	45.18	5.34	22.43	28.54	300.00	76.16		2.50			108.80		
990310030			15	大	547.87	55.70	6.59	27.68	28.54	300.00	129.36		2.50			184.80		
990310040			40	大	686.25	73.92	8.74	36.71	80.26	300.00	186.62		2.50			266.60		
990311010	抓管机	功率(kW)	80	大	631.02	54.85	19.45	52.52		176.52	327.68		1.47		58.10			
990311020			120	大	868.47	131.65	46.71	126.12		176.52	387.47		1.47		68.70			
990311030			160	大	1030.17	151.11	53.60	144.72		176.52	504.22		1.47		89.40			
990312010	吊管机	功率(kW)	75	大	611.09	56.96	20.20	54.54		176.52	302.87		1.47		53.70			
990312020			165	大	1081.38	185.19	65.70	177.39		176.52	476.58		1.47		84.50			
990312030			240	大	1336.60	268.74	95.33	257.39		176.52	538.62		1.47		95.50			
990313010	门座吊	提升质量(t)	30	大	521.05	233.24	25.45	57.52		150.00	54.84		1.25			78.34		
990313020			60	大	874.70	492.49	53.74	121.45		150.00	57.02		1.25			81.46		
990314010	架桥机	提升质量(t)	130	大	744.55	379.30	41.39	98.51	*	150.00	75.35		1.25			107.64		
990314020			160	大	983.11	552.51	60.29	143.49	*	150.00	76.82		1.25			109.74		
990315010	少先吊	起重量(t)	1	小	178.68	3.99	0.43	3.50	9.56	150.00	11.20		1.25			16.00		
990316010	立式油压千斤顶	起重量(t)	100	小	10.21	1.46	0.85	1.41	6.49									
990316020			200	小	11.50	1.95	1.15	1.91	6.49									
990316030			300	小	16.48	3.90	2.29	3.80	6.49									
990317010	塔式起重机	起重力矩(kN·m)	60	大	452.84	118.39	18.06	37.92	*	240.00	38.47		2.00			54.95		
990318010	电动双梁起重机	提升质量(t)	5	中	243.53	60.29	8.34	18.10	6.49	126.00	30.80		1.05			44.00		
990318020			15	中	335.59	108.51	19.47	40.88	6.49	126.00	40.73		1.05			58.18		
990319010	跨缆吊机			大	3878.26	1129.85	337.86	946.01	60.80	1080.00	323.74		9.00			462.49		
990320010	旋转扒杆起重船	350t 以内		特	30184.08	9049.90	3889.22	9334.13		1320.00	6590.83		11.00		1166.00			
990321010	吊装机械（综合）			大	413.76	71.06	27.98	57.15	1.82	181.20	69.77	4.79	1.51		12.37			3.30

4.水平运输机械

4.水平运输机械

编码	机械名称	性能规格 装载质量(t)	机型	台班单价 元	折旧费 元	检修费 元	维护费 元	安拆费及场外运费 元	人工费 元	燃料动力费 元	其他费用 元	机上人工 工日	汽油 kg	柴油 kg	电 kW·h	煤 kg	水 m³
												120.00	6.75	5.64	0.70	0.34	4.42
990401005	载重汽车	2	中	329.00	25.05	5.57	31.25		124.92	127.58	14.63	1.04	18.90				
990401010		3	中	369.81	28.30	6.28	35.23		124.92	160.45	14.63	1.04	23.77				
990401015		4	中	390.44	31.85	7.08	39.72		124.92	171.99	14.88	1.04	25.48				
990401020		5	中	404.73	33.15	7.36	41.29		124.92	181.55	16.46	1.04		32.19			
990401025		6	中	422.13	37.70	8.37	46.96		124.92	187.47	16.71	1.04		33.24			
990401030		8	大	474.25	65.75	13.48	52.98		124.92	200.16	16.96	1.04		35.49			
990401035		10	大	522.86	74.95	15.36	60.36		124.92	225.77	21.50	1.04		40.03			
990401040		12	大	643.25	117.20	24.02	94.40		124.92	260.96	21.75	1.04		46.27			
990401045		15	大	748.42	140.05	28.69	112.75		124.92	320.01	22.00	1.04		56.74			
990401050		18	大	782.91	147.30	30.17	118.57		124.92	339.70	22.25	1.04		60.23			
990401055		20	大	833.38	165.75	33.95	133.42		124.92	352.84	22.50	1.04		62.56			
990402005	自卸汽车	2	中	355.25	42.66	7.99	35.48		136.32	116.57	16.23	1.14	17.27				
990402010		4	大	462.33	53.83	10.08	44.76		136.32	200.61	16.73	1.14	29.72				
990402015		5	大	484.95	58.90	11.02	48.93		136.32	211.55	18.23	1.14	31.34				
990402020		6	大	526.52	69.44	13.01	57.76		136.32	231.26	18.73	1.14	34.26				
990402025		8	大	583.29	112.85	19.47	65.03		136.32	230.85	18.77	1.14		40.93			
990402030		10	大	635.05	132.19	22.80	76.15		136.32	243.59	24.00	1.14		43.19			
990402035		12	大	816.75	147.05	25.35	84.67		272.64	262.77	24.27	2.27		46.59			
990402040		15	大	913.17	181.48	31.33	104.64		272.64	298.53	24.55	2.27		52.93			
990402045		18	大	954.78	191.09	32.94	110.02		272.64	323.00	25.09	2.27		57.27			
990402050		20	大	1048.03	233.93	40.36	134.80		272.64	340.66	25.64	2.27		60.40			
990403005	平板拖车组	8	大	767.39	96.27	14.71	69.58		342.84	216.68	27.31	2.86	32.10				
990403010		10	大	836.75	103.68	15.84	74.92		342.84	272.16	27.31	2.86	40.32				
990403015		15	大	928.99	137.81	20.83	98.53		342.84	300.98	28.00	2.86	44.59				
990403020		20	大	1014.84	207.67	31.35	148.29		342.84	256.00	28.69	2.86		45.39			

编码	机械名称	性能规格 装载质量(t)	机型	台班单价 元	折旧费 元	检修费 元	维护费 元	安拆费及场外运费 元	人工费 元	燃料动力费 元	其他费用 元	机上人工 工日 120.00	汽油 kg 6.75	柴油 kg 5.64	电 kW·h 0.70	煤 kg 0.34	水 m³ 4.42
990403025	平板拖车组	30	大	1169.86	269.36	40.65	192.27		342.84	295.37	29.37	2.86		52.37			
990403030		40	大	1367.47	359.86	54.30	256.84		342.84	323.57	30.06	2.86		57.37			
990403035		50	大	1439.21	382.85	57.76	273.20		342.84	351.82	30.74	2.86		62.38			
990403040		60	大	1518.95	403.24	60.83	287.73		342.84	392.88	31.43	2.86		69.66			
990403045		80	大	1706.84	443.02	66.97	316.77		342.84	504.78	32.46	2.86		89.50			
990403050		100	大	2632.52	889.26	134.44	635.90		342.84	597.28	32.80	2.86		105.90			
990403055		120	大	3096.78	1024.23	154.84	732.39		342.84	809.34	33.14	2.86		143.50			
990403060		150	大	3805.74	1343.11	203.05	960.43		342.84	922.14	34.17	2.86		163.50			
990403065		200	大	4689.88	1760.16	266.10	1258.65		342.84	1027.27	34.86	2.86		182.14			
990404010	长材运输车	9	大	610.15	120.21	10.37	59.83		162.12	235.30	22.32	1.35		41.72			
990404020		12	大	872.91	168.21	14.51	83.72		324.24	253.69	28.54	2.70		44.98			
990404030		15	大	962.31	200.83	17.32	99.94		324.24	290.80	29.18	2.70		51.56			
990404040		20	大	1038.43	231.80	19.71	113.73		324.24	318.49	30.46	2.70		56.47			
990405010	管子拖车	8	大	1164.27	151.49	13.03	75.18		324.24	582.10	18.23	2.70		103.21			
990405020		10	大	1194.34	161.31	13.85	79.91		324.24	596.26	18.77	2.70		105.72			
990405030		24	大	1591.04	352.01	30.25	174.54		324.24	684.36	25.64	2.70		121.34			
990405040		27	大	1799.53	479.62	41.23	237.90		324.24	690.90	25.64	2.70		122.50			
990405050		35	大	1953.93	567.28	48.78	281.46		324.24	702.80	29.37	2.70		124.61			
990406010	机动翻斗车	1	小	188.07	11.97	2.93	11.51	7.65	120.00	34.01		1.00		6.03			
990406020		1.5	中	209.85	13.74	2.71	10.65	7.65	120.00	55.10		1.00		9.77			
990407010	轨道平车	5	中	34.17	7.54	0.77	3.03	22.83									
990407020		10	中	85.91	41.93	4.29	16.86	22.83									
990407030		20	大	120.18	64.66	6.63	26.06	22.83									
990407040		30	大	206.52	122.11	12.49	49.09	22.83									
990407050		60	大	345.17	214.13	21.95	86.26	22.83									

编码	机械名称	性能规格		机型	台班单价 元	折旧费 元	检修费 元	维护费 元	安拆费及场外运费 元	人工费 元	燃料动力费 元	其他费用 元	机上人工 工日	汽油 kg	柴油 kg	电 kW·h	煤 kg	水 m³
													120.00	6.75	5.64	0.70	0.34	4.42
990408010	油罐车	罐容量(L)	3000	大	444.34	50.35	8.82	44.89		124.92	197.57	17.79	1.04	29.27				
990408020			5000	大	477.80	61.75	10.84	55.18		124.92	206.82	18.29	1.04	30.64				
990408030			8000	大	495.46	81.10	13.14	66.88		124.92	190.63	18.79	1.04		33.80			
990409010	洒水车		3000	中	406.65	34.85	6.18	26.51		124.92	202.23	11.96	1.04	29.96				
990409020			4000	大	449.19	56.00	9.81	42.08		124.92	203.92	12.46	1.04	30.21				
990409030			6000	大	481.99	62.75	11.13	47.75		124.92	222.48	12.96	1.04	32.96				
990409040			8000	大	489.91	66.10	11.58	49.68		124.92	224.17	13.46	1.04	33.21				
990410010	多功能高压疏通车		5000	大	575.52	123.95	19.91	85.41		124.92	208.37	12.96	1.04	30.87				
990410020			8000	大	675.56	165.10	26.52	113.77		124.92	228.29	16.96	1.04	33.82				
990411010	泥浆罐车		5000	大	472.80	65.85	10.58	45.39		124.92	213.10	12.96	1.04	31.57				
990412010	散装水泥车	装载质量(t)	7	大	530.09	86.34	25.71	80.47		150.00	172.02	15.55	1.25		30.50			
990412020			10	大	692.90	145.21	43.22	135.28		150.00	203.04	16.15	1.25		36.00			
990412030			15	大	817.47	170.34	54.63	170.99		150.00	254.76	16.75	1.25		45.17			
990412040			20	大	1057.90	236.71	70.45	220.51		150.00	362.88	17.35	1.25		64.34			
990412050			26	大	1466.78	399.61	118.93	372.25		150.00	408.34	17.65	1.25		72.40			
990413010	吸污车		4	中	421.18	69.60	11.16	47.88		124.92	167.62	*	1.04		29.72			
990413020			6	中	458.02	75.65	12.14	52.08		124.92	193.23	*	1.04		34.26			
990413030			8	中	501.90	78.95	12.67	54.35		124.92	231.01	*	1.04		40.96			
990413040			10	大	526.10	82.00	13.17	56.50		124.92	249.51	*	1.04		44.24			
990414010	电瓶车	牵引质量(t)	2.5	中	216.53	21.35	4.04	6.42	18.16	166.56			1.39					
990414020			5	中	250.16	32.37	6.12	13.40	31.71	166.56			1.39					
990414030			7	中	263.38	40.58	7.69	16.84	31.71	166.56			1.39					
990414040			8	中	266.55	42.57	8.06	17.65	31.71	166.56			1.39					
990414050			10	大	278.87	50.26	9.51	20.83	31.71	166.56			1.39					
990414060			12	大	299.64	63.22	11.96	26.19	31.71	166.56			1.39					
990414070			55	大	1413.71	780.89	136.22	298.33	31.71	166.56			1.39					
990415010	托盘车	装载质量(t)	8	大	482.08	81.25	13.04	55.94		124.92	206.93		1.04		36.69			

5.垂直运输机械

5.垂直运输机械

编码	机械名称	性能规格		机型	台班单价 元	费用组成							人工及燃料动力用量					
						折旧费 元	检修费 元	维护费 元	安拆费及场外运费 元	人工费 元	燃料动力费 元	其他费用 元	机上人工 工日 120.00	汽油 kg 6.75	柴油 kg 5.64	电 kW·h 0.70	煤 kg 0.34	水 m³ 4.42
990501010	电动卷扬机	单筒快速	牵引力(kN) 5	小	165.04	1.09	0.48	1.28	9.10	142.80	10.29		1.19			14.70		
990501020			10	小	178.37	1.31	0.58	1.55	9.10	142.80	23.03		1.19			32.90		
990501030			15	小	190.87	1.67	0.76	2.03	9.10	142.80	34.51		1.19			49.30		
990501040			20	小	205.51	2.49	1.13	3.02	9.10	142.80	46.97		1.19			67.10		
990501050			30	小	223.37	7.37	3.31	8.84	9.10	142.80	51.95		1.19			74.21		
990502010		双筒快速	10	小	218.86	3.48	0.99	2.64	9.10	142.80	59.85		1.19			85.50		
990502020			30	小	241.26	9.82	2.79	7.45	9.10	142.80	69.30		1.19			99.00		
990502030			50	小	270.50	14.88	4.23	11.29	9.10	142.80	88.20		1.19			126.00		
990503010		单筒慢速	10	小	180.26	3.57	1.27	3.39	9.10	142.80	20.13		1.19			28.76		
990503020			30	小	186.98	5.65	2.01	5.37	9.10	142.80	22.05		1.19			31.50		
990503030			50	小	192.37	7.37	2.61	6.97	9.10	142.80	23.52		1.19			33.60		
990503040			80	中	234.74	16.83	5.97	15.94	9.10	142.80	44.10		1.19			63.00		
990503050			100	中	264.65	26.78	9.50	25.37	9.10	142.80	51.10		1.19			73.00		
990503060			200	大	406.03	51.57	18.30	48.86	27.18	142.80	117.32		1.19			167.60		
990503070			300	大	610.94	105.13	37.30	99.59	27.18	142.80	198.94		1.19			284.20		
990504010		双筒慢速	30	小	196.61	10.59	2.50	6.98	9.10	142.80	24.64		1.19			35.20		
990504020			50	小	216.84	15.34	3.63	10.13	9.10	142.80	35.84		1.19			51.20		
990504030			80	小	265.89	21.58	5.11	38.02	9.10	142.80	49.28		1.19			70.40		
990504040			100	中	307.09	34.88	8.25	61.38	9.10	142.80	50.68		1.19			72.40		
990504050			250	中	555.69	64.47	20.48	152.37	27.18	142.80	148.39		1.19			211.98		
990505010	卷扬机带40m塔	牵引力(kN)	50	中	224.00	17.96	8.08	22.54	9.10	142.80	23.52		1.19			33.60		

人工及燃料动力用量单价：机上人工 工日 120.00；汽油 kg 6.75；柴油 kg 5.64；电 kW·h 0.70；煤 kg 0.34；水 m³ 4.42

编码	机械名称	性能规格	机型	台班单价 元	折旧费 元	检修费 元	维护费 元	安拆费及场外运费 元	人工费 元	燃料动力费 元	其他费用 元	机上人工 工日	汽油 kg	柴油 kg	电 kW·h	煤 kg	水 m³
990506010	单笼施工电梯	提升质量(t)1 提升高度(m)75	大	298.19	72.07	23.86	47.72	*	124.92	29.62		1.04			42.32		
990506020		提升质量(t)1 提升高度(m)100	大	317.61	80.63	26.70	53.40	*	124.92	31.96		1.04			45.66		
990506030		提升质量(t)1 提升高度(m)130	大	349.19	91.67	30.35	60.70	*	124.92	41.55		1.04			59.36		
990507010	双笼施工电梯	提升质量(t)2 提升高度(m)50	大	389.14	54.30	17.98	35.96	*	249.96	30.94		2.08			44.20		
990507020		提升质量(t)2 提升高度(m)100	大	510.76	102.10	33.80	67.60	*	249.96	57.30		2.08			81.86		
990507030		提升质量(t)2 提升高度(m)130	大	532.69	106.23	35.17	70.34	*	249.96	70.99		2.08			101.42		
990507040		提升质量(t)2 提升高度(m)200	大	580.03	113.80	34.77	69.54	*	249.96	111.96		2.08			159.94		
990507050		提升质量(t)2 提升高度(m)300	大	754.24	200.13	61.15	122.30	*	249.96	120.70		2.08			172.43		
990508010	电动吊篮	提升质量(t)0.5	小	40.63	11.52	2.58	5.21	8.44		12.88					18.40		
990508020		提升质量(t)0.63	小	48.20	15.32	3.43	6.93	8.44		14.08					20.11		
990508030		提升质量(t)0.8	小	58.59	20.19	4.54	9.17	8.44		16.25					23.22		
990509010	单速电动葫芦	提升质量(t)2	小	31.03	9.03	2.04	6.73			13.23					18.90		
990509020		提升质量(t)3	小	33.33	10.21	2.30	7.59			13.23					18.90		
990509030		提升质量(t)5	小	40.43	13.54	3.03	10.00			13.86					19.80		
990510010	双速电动葫芦	提升质量(t)10	小	93.57	31.23	7.00	18.34			37.00					52.85		
990510020		提升质量(t)20	小	175.40	57.48	12.91	33.82			71.19					101.70		
990510030		提升质量(t)30	小	209.97	59.97	13.48	35.32			101.20					144.57		
990511010	皮带运输机	带长(m)×带宽(m)10×0.5	小	277.66	15.26	6.15	21.59	21.79	199.92	12.95		1.67			18.50		
990511020		带长(m)×带宽(m)15×0.5	小	287.06	18.11	7.28	25.55	21.79	199.92	14.41		1.67			20.58		
990511030		带长(m)×带宽(m)20×0.5	中	308.56	24.26	9.76	34.26	21.79	199.92	18.57		1.67			26.53		
990511040		带长(m)×带宽(m)30×0.5	中	321.76	27.11	10.91	38.29	21.79	199.92	23.74		1.67			33.91		
990512010	平台作业升降车	提升高度(m)9	中	274.82	43.57	14.44	20.22	38.05		158.54				28.11			
990512020		提升高度(m)16	大	356.17	69.67	23.08	32.31	38.05		193.06				34.23			
990512030		提升高度(m)20	大	457.24	81.95	27.13	37.98	38.05		272.13				48.25			
990512040		提升高度(m)22	大	501.45	93.67	31.01	43.41	38.05		295.31				52.36			
990512050		提升高度(m)40	大	573.96	108.74	36.00	50.40	38.05		340.77				60.42			
990513010	高空作业车(汽车式)	提升高度(m)18	大	609.99	160.04	52.99	74.19		199.92	122.85	*	1.67	18.20				
990513020		提升高度(m)21	大	829.91	274.30	90.83	127.16		199.92	137.70	*	1.67	20.40				
990514010	升降设备	提升质量(t)60	大	346.87	194.04	32.11	84.13	19.12		17.47					24.96		
990515010	电缆输送机JSD-1		中	195.91	23.13	6.37	16.64	12.15	120.00	17.62		1.00			25.17		

· 34 ·

6.混凝土及砂浆机械

6.混凝土及砂浆机械

编码	机械名称	性能规格	机型	台班单价 元	费用组成							人工及燃料动力用量					
					折旧费 元	检修费 元	维护费 元	安拆费及场外运费 元	人工费 元	燃料动力费 元	其他费用 元	机上人工 工日	汽油 kg	柴油 kg	电 kW·h	煤 kg	水 m³
												120.00	6.75	5.64	0.70	0.34	4.42
990601010	涡浆式混凝土搅拌机	出料容量（L） 250	小	225.87	14.11	3.17	7.54	10.62	166.56	23.87		1.39			34.10		
990601020		350	中	265.67	19.76	4.43	10.54	10.62	166.56	53.76		1.39			76.80		
990601030		500	中	310.96	33.17	7.46	17.75	10.62	166.56	75.40		1.39			107.71		
990601040		1000	大	428.90	61.40	13.42	31.94	31.71	166.56	123.87		1.39			176.95		
990602010	双锥反转出料混凝土搅拌机	200	小	204.25	5.92	1.33	3.51	10.62	166.56	16.31		1.39			23.30		
990602020		350	小	226.31	10.26	2.31	6.10	10.62	166.56	30.46		1.39			43.52		
990602030		500	中	250.94	22.09	4.96	8.18	10.62	166.56	38.53		1.39			55.04		
990602040		750	中	297.22	26.65	5.98	9.87	31.71	166.56	56.45		1.39			80.64		
990602050		1000	大	331.23	47.12	10.61	17.51	31.71	166.56	57.72		1.39			82.46		
990602060		1500	大	338.12	50.16	11.30	18.65	31.71	166.56	59.74		1.39			85.34		
990603010	单卧轴式混凝土搅拌机	150	小	215.57	7.00	1.57	6.34	10.62	166.56	23.48		1.39			33.54		
990603020		250	小	236.43	12.32	2.77	11.19	10.62	166.56	32.97		1.39			47.10		
990603030		350	中	254.30	14.98	3.37	13.61	10.62	166.56	45.16		1.39			64.51		
990604010	双卧轴式混凝土搅拌机	350	中	286.49	16.99	3.82	18.11	10.62	166.56	70.39		1.39			100.56		
990604020		500	大	313.96	25.24	5.67	26.88	10.62	166.56	78.99		1.39			112.84		
990604030		800	大	397.62	58.30	13.13	62.24	10.62	166.56	86.77		1.39			123.96		
990604040		1000	大	426.20	65.25	14.66	41.93	31.71	166.56	106.09		1.39			151.55		
990604050		1500	大	503.64	93.86	21.09	60.32	31.71	166.56	130.10		1.39			185.86		
990605010	混凝土搅拌站	生产率（m³/h） 15	大	1846.49	117.80	24.43	64.98	*	1500.00	139.28		12.50			198.97		
990605020		25	大	1961.01	155.15	32.17	85.57	*	1500.00	188.12		12.50			268.74		
990605030		45	大	2177.95	232.72	48.26	128.37	*	1500.00	268.60		12.50			383.72		
990605040		50	大	2281.33	271.43	56.29	149.73	*	1500.00	303.88		12.50			434.11		
990605050		60	大	2547.23	332.12	68.87	183.19	*	1500.00	463.05		12.50			661.50		

编码	机械名称	性能规格	机型	台班单价 元	费用组成							人工及燃料动力用量					
					折旧费 元	检修费 元	维护费 元	安拆费及场外运费 元	人工费 元	燃料动力费 元	其他费用 元	机上人工 工日	汽油 kg	柴油 kg	电 kW·h	煤 kg	水 m³
												120.00	6.75	5.64	0.70	0.34	4.42
990606010	混凝土搅拌运输车	搅动容量(m³) 4	大	780.23	202.41	41.34	170.32		150.00	200.61	15.55	1.25		35.57			
990606020		5	大	895.06	240.35	49.09	202.25		150.00	237.22	16.15	1.25		42.06			
990606030		6	大	1165.82	336.72	68.78	283.37		150.00	310.20	16.75	1.25		55.00			
990606040		7	大	1180.86	343.54	64.76	266.81		150.00	338.40	17.35	1.25		60.00			
990606050		8	大	1198.50	346.16	65.24	268.79		150.00	350.36	17.95	1.25		62.12			
990606060		10	大	1232.38	354.77	66.87	275.50		150.00	366.99	18.25	1.25		65.07			
990606070		12	大	1251.41	357.62	67.41	277.73		150.00	379.80	18.85	1.25		67.34			
990606080		14	大	1280.74	366.28	69.04	284.44		150.00	391.53	19.45	1.25		69.42			
990606090		16	大	1311.19	373.17	70.34	289.80		150.00	407.83	20.05	1.25		72.31			
990607005	混凝土输送泵车	输送量(m³/h) 20	大	1015.47	296.64	42.08	114.88	28.54	300.00	246.92	14.95	2.50		43.78			
990607010		45	大	1265.64	352.33	49.98	136.45	28.54	300.00	411.33	15.55	2.50		72.93			
990607011		60	大	1303.28	373.36	51.75	141.28	28.54	300.00	420.74	16.15	2.50		74.60			
990607015		70	大	1328.82	380.53	53.99	147.39	80.26	300.00	430.16	16.75	2.50		76.27			
990607020		75	大	1481.49	452.32	64.18	175.21	80.26	300.00	473.03	17.35	2.50		83.87			
990607025		85	大	1838.06	658.11	93.36	254.87	80.26	300.00	514.37	17.35	2.50		91.20			
990607030		90	大	2073.61	866.64	122.95	236.06	80.26	300.00	530.61	17.35	2.50		94.08			
990607035		100	大	2160.87	912.12	129.40	248.45	80.26	300.00	552.95	17.95	2.50		98.04			
990607040		120	大	2310.64	1003.62	142.38	273.37	80.26	300.00	572.12	19.15	2.50		101.44			
990607045		140	大	2531.90	1123.79	159.44	306.12	80.26	300.00	622.20	20.35	2.50		110.32			
990607050		150	大	3668.26	1902.61	269.93	518.27	80.26	300.00	656.50	20.95	2.50		116.40			
990607055		170	大	3834.75	2001.95	284.02	545.32	80.26	300.00	681.31	22.15	2.50		120.80			
990608005	混凝土输送泵	输送量(m³/h) 8	大	417.11	108.49	19.25	42.93	28.54	150.00	67.90		1.25			97.00		
990608010		15	大	478.41	122.55	21.74	48.48	28.54	150.00	107.10		1.25			153.00		
990608015		30	大	623.70	196.27	32.13	71.65	28.54	150.00	145.11		1.25			207.30		
990608020		45	大	854.01	325.85	53.34	74.14	80.26	150.00	170.42		1.25			243.46		
990608025		60	大	971.10	357.49	58.53	81.36	80.26	150.00	243.46		1.25			347.80		
990608030		75	大	1064.88	414.77	67.90	94.38	80.26	150.00	257.57		1.25			367.96		
990608035		80	大	1403.95	608.38	99.60	138.44	80.26	150.00	327.27		1.25			467.53		
990608040		95	大	1444.96	637.26	104.33	145.02	80.26	150.00	328.09		1.25			468.70		
990608045		105	大	1490.69	667.38	109.25	151.86	80.26	150.00	331.94		1.25			474.20		
990608050		110	大	1519.95	685.81	112.26	156.04	80.26	150.00	335.58		1.25			479.40		
990608055		120	大	1551.94	708.32	115.96	161.18	80.26	150.00	336.22		1.25			480.32		
990608060		130	大	1690.72	807.03	132.11	183.63	80.26	150.00	337.69		1.25			482.41		

编码	机械名称	性能规格		机型	台班单价 元	折旧费 元	检修费 元	维护费 元	安拆费及场外运费 元	人工费 元	燃料动力费 元	其他费用 元	机上人工 工日	汽油 kg	柴油 kg	电 kW·h	煤 kg	水 m³
													120.00	6.75	5.64	0.70	0.34	4.42
990609010	混凝土湿喷机	生产率(m³/h)	5	小	367.25	24.70	4.38	17.83	9.56	300.00	10.78		2.50			15.40		
990610010	灰浆搅拌机	拌筒容量(L)	200	小	187.56	2.55	0.36	1.44	10.62	166.56	6.03		1.39			8.61		
990610020			400	小	193.72	3.47	0.49	1.96	10.62	166.56	10.62		1.39			15.17		
990611010	干混砂浆罐式搅拌机	公称储量(L)	20000	中	232.40	22.96	4.17	8.13	10.62	166.56	19.96		1.39			28.51		
990612010	挤压式灰浆输送泵	输送量(m³/h)	3	小	203.49	12.26	2.60	12.48	9.56	150.00	16.59		1.25			23.70		
990612020			4	小	215.36	15.68	3.34	16.03	9.56	150.00	20.75		1.25			29.64		
990612030			5	小	224.59	17.96	3.82	18.34	9.56	150.00	24.91		1.25			35.58		
990612040			6	小	233.10	21.19	4.51	21.65	9.56	150.00	26.19		1.25			37.42		
990613010	筛洗石子机	洗石量(m³/h)	10	小	266.75	6.61	1.18	2.99	14.71	230.76	10.50		1.92			15.00		
990614010	筛砂机	生产率(m³/h)	10	小	199.20	5.97	1.34	3.48	4.69	166.56	17.16		1.39			24.51		
990615010	偏心式振动筛		16	小	198.62	4.07	0.91	2.37	4.69	166.56	20.02		1.39			28.60		
990616010	混凝土震动台	台面尺寸(m×m)	1.5×6	中	318.02	38.11	7.84	21.32	14.71	230.76	35.21		1.92			50.30		
990616020			2.4×6.2	中	415.20	37.70	5.34	29.53	14.71	230.76	97.16		1.92			138.80		
990617010	混凝土抹平机	功率(kW)	5.5	小	23.38	1.57	0.22	0.70	4.69		16.20					23.14		
990618010	混凝土切缝机		7.5	小	30.16	2.17	0.29	0.92	4.69		22.09					31.55		
990619010	水泥发泡机		LH-30YB	小	309.67	38.11	7.84	21.32		150.00	92.40		1.25			132.00		
990620010	聚氨酯发泡喷涂机	功率(kW)	7.5	小	219.34	19.49	4.37	11.88	4.69	150.00	33.60		1.25			48.00		
990621010	砂浆喷涂机		UBJ3A	小	211.25	24.62	3.77	15.34	4.92	150.00	12.60		1.25			18.00		
990622010	桥梁顶推设备	顶推力(kN)	600 以内	小	74.63	29.40	4.59	15.65	4.92	150.00	24.99		1.25			35.70		
990623010	粉料混合喷涂泵			小	205.34	24.62	3.77	15.34	4.92	150.00	6.69		1.25			9.56		
990624010	泥浆搅拌机	容量100~150L		小	133.44	2.16	0.76	3.70	4.92	120.00	6.82		1.00			9.74		
990625010	喷播机	综合		小	281.71	60.36	10.18	41.44	4.92	150.00	14.81		1.25			21.16		

7.加工机械

7.加工机械

编码	机械名称	规格型号	机型	台班单价(元)	折旧费(元)	检修费(元)	维护费(元)	安拆费及场外运费(元)	人工费(元)	燃料动力费(元)	其他费用(元)	机上人工(工日)	汽油(kg)	柴油(kg)	电(kW·h)	煤(kg)	水(m³)
												120.00	6.75	5.64	0.70	0.34	4.42
990701010	钢筋调直机	直径(mm) 14	小	36.89	11.59	2.33	6.20	8.44		8.33					11.90		
990702010	钢筋切断机	40	小	41.85	5.23	1.05	4.66	8.44		22.47					32.10		
990702020	钢筋切断机	50	小	55.29	9.60	1.93	8.57	8.44		26.75					38.21		
990703010	钢筋弯曲机	40	小	25.84	3.80	0.76	3.88	8.44		8.96					12.80		
990703020	钢筋弯曲机	50	小	24.40	3.90	0.79	1.04	8.44		10.23					14.61		
990704010	钢筋镦头机	5	小	49.08	5.42	1.08	4.41	8.44		29.73					42.47		
990705005	预应力钢筋拉伸机	拉伸力(kN) 600	小	24.05	7.79	1.20	4.37			10.69					15.27		
990705010		650	小	25.77	7.98	1.23	4.48			12.08					17.25		
990705015		850	小	33.30	8.74	1.35	4.91			18.30					26.14		
990705020		900	小	39.93	11.40	1.75	6.37			20.41					29.16		
990705025		1000	小	46.39	13.97	2.16	7.86			22.40					32.00		
990705030		1200	小	58.06	17.96	2.76	10.05			27.29					38.98		
990705035		1500	小	62.43	19.10	2.94	10.70			29.69					42.42		
990705040		2500	小	76.73	26.22	4.04	14.71			31.76					45.37		
990705045		3000	小	102.73	29.74	4.58	16.67			51.74					73.91		
990705050		4000	中	141.37	48.83	7.51	27.34			57.69					82.42		
990705055		5000	中	186.31	63.46	9.75	35.49			77.61					110.87		
990706010	木工圆锯机	直径(mm) 500	小	25.81	2.12	0.40	0.86	5.63		16.80					24.00		
990706020		600	小	34.46	3.51	0.66	1.42	5.63		23.24					33.20		
990706030		1000	小	65.26	4.90	0.93	2.00	5.63		51.80					74.00		
990707010	木工台式带锯机	锯轮直径(mm) 1250	小	183.91	11.45	2.17	4.88			165.41					236.30		
990708010	卧式带锯机		小	122.47	3.04	1.21	2.72			115.50					165.00		
990709010	木工平刨床	刨削宽度(mm) 300	小	10.60	2.39	0.45	1.74			6.02					8.60		
990709020	木工平刨床	500	小	23.12	7.33	1.39	5.37			9.03					12.90		
990710010	木工单面压刨床	600	小	31.84	6.95	1.31	3.56			20.02					28.60		
990711010	木工双面压刨床	600	小	49.96	11.24	2.13	5.79			30.80					44.00		
990712010	木工三面压刨床	400	小	61.64	15.47	2.93	6.56			36.68					52.40		
990713010	木工四面压刨床	300	小	82.91	22.75	4.31	9.65			46.20					66.00		

编码	机械名称	规格型号	机型	台班单价 元	折旧费 元	检修费 元	维护费 元	安拆费及场外运费 元	人工费 元	燃料动力费 元	其他费用 元	机上人工 工日	汽油 kg	柴油 kg	电 kW·h	煤 kg	水 m³
												120.00	6.75	5.64	0.70	0.34	4.42
990714010	木工开榫机	榫头长度(mm) 160	中	49.59	17.43	3.29	9.97			18.90					27.00		
990715010	木工打眼机	榫槽宽度(mm) 16	小	8.90	2.77	0.53	2.31			3.29					4.70		
990716010	木工榫槽机	榫槽深度(mm) 100	小	27.67	2.82	0.53	2.27			22.05					31.50		
990717010	木工裁口机	宽度(mm) 400	小	33.28	4.61	0.87	2.60			25.20					36.00		
990718010	普通车床	工件直径×工件长度(mm×mm) 400×1000	小	185.98	14.18	6.04	6.34		150.00	9.42		1.25			13.45		
990718020		400×2000	中	158.93	17.61	7.50	7.88		150.00	15.94		1.25			22.77		
990718030		630×1400	中	210.52	22.53	9.59	10.07		150.00	18.33		1.25			26.18		
990718040		630×2000	中	222.70	27.55	11.72	12.31		150.00	21.12		1.25			30.17		
990718050		660×2000	中	250.61	31.35	13.35	14.02		150.00	41.89		1.25			59.84		
990718060		1000×5000	中	284.94	65.82	13.35	13.88		150.00	41.89		1.25			59.84		
990719010	立式车床	直径(mm) 2250	大	103.60	84.31	4.98	7.52			3.79					5.42		
990720010	管子车床	直径(mm) 200	小	184.37	7.53	4.01	4.21		150.00	18.62		1.25			26.60		
990721010	外圆磨床	直径×长度(mm×mm) 200×500	中	278.94	25.29	13.46	9.69		200.40	30.10	167			43.00			
990722010	龙门刨床	刨削宽度×长度(mm×mm) 1000×3000	小	380.06	125.26	22.21	12.66		200.40	19.53		1.67			27.90		
990722020		1000×4000	小	427.39	130.69	23.79	13.22		200.40	59.29		1.67			84.70		
990722030		1000×6000	中	562.56	176.61	31.33	17.86		200.40	136.36		1.67			194.80		
990723010	牛头刨床	刨削长度(mm) 650	中	204.45	17.87	3.17	2.12		171.60	9.69		1.43			13.84		
990724010	立式铣床	台宽×台长(mm×mm) 320×1250	中	221.06	26.16	4.65	3.67		171.60	14.98		1.43			21.40		
990724020		400×1250	大	244.30	40.26	7.14	5.64		171.60	19.66		1.43			28.09		
990725010	卧式铣床	400×1250	中	221.79	26.20	4.66	3.68		171.60	15.65		1.43			22.36		
990725020		400×1600	大	232.37	33.80	6.00	4.74		171.60	16.23		1.43			23.18		

编码	机械名称	规格型号	机型	台班单价(元)	折旧费(元)	检修费(元)	维护费(元)	安拆费及场外运费(元)	人工费(元)	燃料动力费(元)	其他费用(元)	机上人工(工日)	汽油(kg)	柴油(kg)	电(kW·h)	煤(kg)	水(m³)
单价												120.00	6.75	5.64	0.70	0.34	4.42
990726010	台式钻床	16	小	4.15	0.90	0.16	0.30			2.79					3.98		
990726020	台式钻床	25	小	5.33	1.09	0.20	0.37			3.67					5.24		
990726030	台式钻床	35	小	9.39	2.34	0.42	0.78			5.85					8.36		
990727010	立式钻床	25	小	6.66	2.88	0.50	0.46			2.82					4.03		
990727020	立式钻床	35	小	10.72	4.63	0.82	0.75			4.52					6.45		
990727030	立式钻床	50	小	20.04	9.77	1.73	1.57			6.97					9.95		
990728010	摇臂钻床	25	小	8.67	4.24	0.75	0.41			3.27					4.67		
990728020	摇臂钻床	50	中	21.15	11.17	1.98	1.09			6.91					9.87		
990728030	摇臂钻床	63	中	41.49	23.17	4.11	2.26			11.95					17.07		
990728040	摇臂钻床	80	大	71.14	45.24	8.03	4.42			13.45					19.21		
990729010	坐标镗床	800×1200	大	407.39	88.51	5.23	7.90		300.00	5.75		2.50			8.21		
990730010	锥形螺纹车丝机	45	小	17.34	2.79	0.59	1.00	6.49		6.47					9.24		
990731010	螺栓套丝机	39	小	26.82	2.15	0.25	0.43	6.49		17.50					25.00		
990732005	剪板机	6.3×2000	中	215.98	19.90	2.93	1.50		171.60	20.05		1.43			28.64		
990732010	剪板机	10×2500	大	246.64	36.52	5.18	2.75		171.60	30.59		1.43			43.70		
990732015	剪板机	13×2500	大	260.68	43.68	6.20	3.29		171.60	35.91		1.43			51.30		
990732020	剪板机	13×3000	大	267.68	47.11	8.27	4.38		171.60	36.32		1.43			51.89		
990732025	剪板机	16×2500	大	269.71	49.68	7.06	3.74		171.60	37.63		1.43			53.76		
990732030	剪板机	20×2000	大	289.39	64.94	9.22	4.89		171.60	38.74		1.43			55.34		
990732035	剪板机	20×2500	大	306.05	77.48	10.99	5.82		171.60	40.16		1.43			57.37		
990732040	剪板机	20×4000	大	413.46	144.99	20.58	10.91		171.60	65.38		1.43			93.40		
990732045	剪板机	32×4000	大	564.29	252.26	33.04	17.51		171.60	89.88		1.43			128.40		
990732050	剪板机	40×3100	大	601.00	296.60	38.85	20.59		171.60	73.36		1.43			104.80		
990733010	板料校平机	10×2000	大	880.70	524.08	57.20	29.74		214.80	54.88		1.79			78.40		
990733020	板料校平机	16×2000	大	1085.78	674.66	73.62	38.28		214.80	84.42		1.79			120.60		
990733030	板料校平机	16×2500	大	1152.08	726.22	79.26	41.22		214.80	90.58		1.79			129.40		
990733040	板料校平机	30×2600	大	2153.09	1625.41	131.27	68.26		214.80	113.35		1.79			161.93		

编码	机械名称	规格型号	机型	台班单价(元)	折旧费(元)	检修费(元)	维护费(元)	安拆费及场外运费(元)	人工费(元)	燃料动力费(元)	其他费用(元)	机上人工(工日)	汽油(kg)	柴油(kg)	电(kW·h)	煤(kg)	水(m³)
												120.00	6.75	5.64	0.70	0.34	4.42
990734005	卷板机	2×1600	小	208.21	12.61	2.25	1.73		171.60	20.02		1.43			28.60		
990734010		20×2000	中	223.34	22.11	3.92	3.02		171.60	22.69		1.43			32.41		
990734015		20×2500	中	249.71	25.77	4.22	3.25		171.60	44.87		1.43			64.10		
990734020		20×3000	中	259.90	32.46	5.31	4.09		171.60	46.44		1.43			66.34		
990734025		30×2000	大	325.44	80.20	13.13	10.11		171.60	50.40		1.43			72.00		
990734030		30×2500	大	362.94	96.99	15.89	12.24		171.60	66.22		1.43			94.60		
990734035		30×3000	大	431.71	128.17	20.99	16.16		171.60	94.79		1.43			135.42		
990734040		40×3500	大	489.24	150.29	24.60	18.94		171.60	123.81		1.43			176.87		
990734045		40×4000	大	869.02	411.30	67.33	51.84		171.60	166.95		1.43			238.50		
990734050		45×3500	大	950.02	459.97	75.31	57.99		171.60	185.15		1.43			264.50		
990734055		70×3000	大	1033.02	512.42	83.89	64.60		171.60	200.51		1.43			286.44		
990735010	联合冲剪机	16	中	322.81	44.76	9.53	9.82		249.60	9.10		2.08			13.00		
990735020		30	中	345.92	59.81	12.73	13.11		249.60	10.67		2.08			15.24		
990736010	刨边机	9000	大	488.77	176.63	34.69	37.12		187.20	53.13		1.56			75.90		
990736020		12000	大	539.06	212.39	41.71	44.63		187.20	53.13		1.56			75.90		
990737010	折方机	1.5×2000	小	13.81	4.56	0.97	0.41			7.87					11.24		
990737020		2×1000	小	10.22	2.53	0.55	0.23			6.91					9.87		
990737030		2×1500	小	11.60	3.36	0.72	0.30			7.22					10.32		
990737040		4×2000	小	31.65	17.42	3.71	1.56			8.96					12.80		
990738010	板边机	2×1500	小	16.98	5.83	1.24	0.52			9.39					13.42		
990739010	咬口机	1.2	小	13.59	3.80	0.22	0.61			8.96					12.80		
990739020		1.5	小	16.52	5.94	0.35	0.98			9.25					13.21		
990740010	坡口机	2.2	小	31.54	15.32	0.91	2.18	8.44		4.69					6.70		
990740020		2.8	小	32.62	15.91	0.94	2.26	8.44		5.07					7.24		
990741010	开卷机	12	小	264.29	4.59	0.27	0.45		249.60	9.38		2.08			13.40		
990742010	开孔机	200	小	263.31	3.01	0.18	0.30		249.60	10.22		2.08			14.60		
990742020		400	小	266.38	3.17	0.19	0.32		249.60	13.10		2.08			18.72		
990742030		600	小	268.11	4.35	0.26	0.43		249.60	13.47		2.08			19.24		

编码	机械名称	规格型号		机型	台班单价 元	折旧费 元	检修费 元	维护费 元	安拆费及场外运费 元	人工费 元	燃料动力费 元	其他费用 元	机上人工 工日	汽油 kg	柴油 kg	电 kW·h	煤 kg	水 m³
				单价									120.00	6.75	5.64	0.70	0.34	4.42
990743010	等离子切割机	电流(A)	400	小	223.46	33.96	6.03	36.00	11.95		135.52					193.60		
990744010	半自动切割机	厚度(mm)	100	小	85.51	1.84	0.32	2.00	12.75		68.60					98.00		
990745010	自动仿形切割机	厚度(mm)	60	小	64.87	4.62	0.82	5.13	12.75		41.55					59.35		
990746010	弓锯床	锯料直径(mm)	250	小	24.38	10.85	0.64	0.97	8.44		3.48					4.97		
990747010	管子切断机		60	小	16.73	3.80	0.81	2.27	6.49		3.36					4.80		
990747020	管子切断机		150	小	33.58	10.89	2.32	4.85	6.49		9.03					12.90		
990747030	管子切断机	管径(mm)	250	中	43.03	12.54	2.67	5.58	6.49		15.75					22.50		
990747040	管子切断机		325	小	81.96	31.98	6.80	14.21	6.49		22.48					32.11		
990748010	管子切断套丝机		159	小	21.58	3.80	0.45	1.49	6.49		9.35					13.36		
990749010	型钢剪断机	剪断宽度(mm)	500	大	260.86	38.55	6.63	6.84		171.60	37.24		1.43			53.20		
990750010	校直机			小	27.51	3.01	0.19	0.36			23.95					34.21		
990751010	型钢矫正机	厚度×宽度	60×800	小	233.82	12.81	2.20	2.27		171.60	44.94		1.43			64.20		
990752010	型钢组立机	厚度×宽度	60×800	小	224.05	3.39	0.58	0.60		171.60	47.88		1.43			68.40		
990753010	中频加热处理机	功率(kW)	50	小	35.85	7.16	0.84	0.97			26.88					38.40		
990753020	中频加热处理机		100	中	95.07	53.77	6.36	7.38			27.56					39.37		
990754010	中频感应炉		250	小	39.34	2.66	0.32	0.37			35.99					51.42		
990755010	中频煨弯机		160	中	71.32	30.21	3.57	4.14	6.49		26.91					38.44		
990755020	中频煨弯机		250	中	91.00	43.70	5.17	6.00	6.49		29.64					42.34		
990756010	钢材电动煨弯机	弯曲直径(mm)	500以内	中	50.20	20.82	2.46	1.70	6.03		19.19					27.42		
990756020	钢材电动煨弯机		500—1800	中	80.20	43.07	5.10	3.52	6.03		22.48					32.11		
990757010	法兰卷圆机		L40×4	小	33.53	12.94	0.76	2.43	8.44		8.96					12.80		
990758010	电动弯管机	管径(mm)	50	小	25.36	3.80	0.45	0.52	6.49		14.10					20.14		
990758020	电动弯管机		100	小	31.65	7.60	0.89	1.03	6.49		15.64					22.34		
990758030	电动弯管机		108	中	77.57	38.70	4.59	5.32	6.49		22.47					32.10		
990759010	液压弯管机		60	小	48.14	18.11	2.15	2.49	6.49		18.90					27.00		

编码	机械名称	规格型号	机型	台班单价 元	折旧费 元	检修费 元	维护费 元	安拆费及场外运费 元	人工费 元	燃料动力费 元	其他费用 元	机上人工 工日	汽油 kg	柴油 kg	电 kW·h	煤 kg	水 m³
												120.00	6.75	5.64	0.70	0.34	4.42
990760010	空气锤	锤体质量(kg) 75	小	206.13	10.08	1.19	1.52		176.40	16.94		1.47			24.20		
990760020		150	中	239.50	19.54	2.31	2.96		176.40	38.29		1.47			54.70		
990760030		400	大	333.79	52.96	6.26	8.01		176.40	90.16		1.47			128.80		
990760040		750	大	420.94	117.51	13.90	17.79		176.40	95.34		1.47			136.20		
990760050		1000	大	454.64	139.38	16.48	21.09		176.40	101.29		1.47			144.70		
990761010	摩擦压力机	压力(kN) 1600	大	281.46	44.94	2.66	4.20		200.40	29.26		1.67			41.80		
990761020		3000	大	381.22	98.28	5.81	9.18		200.40	67.55		1.67			96.50		
990762010	开式可倾压力机	630	中	298.92	34.83	2.07	3.46		249.60	8.96		2.08			12.80		
990762020		800	中	319.74	45.60	2.69	4.49		249.60	17.36		2.08			24.80		
990762030		1250	大	353.69	68.72	4.07	6.80		249.60	24.50		2.08			35.00		
990763010	液压机	500	大	309.88	58.51	6.91	8.84		176.40	59.22		1.47			84.60		
990763020		800	大	322.11	61.19	7.23	9.25		176.40	68.04		1.47			97.20		
990763030		1000	大	331.66	65.33	7.73	9.89		176.40	72.31		1.47			103.30		
990763040		1200	大	349.91	67.96	8.04	10.29		176.40	87.22		1.47			124.60		
990763050		2000	大	367.18	71.81	8.49	10.87		176.40	99.61		1.47			142.30		
990763060		5000	大	406.16	79.36	9.38	12.01		176.40	129.01		1.47			184.30		
990763070		8000	大	749.36	318.23	37.64	48.18		176.40	168.91		1.47			241.30		
990763080		12000	大	1028.92	354.28	41.90	53.63		176.40	402.71		1.47			575.30		
990764010	液压压接机	压力(t) 100	小	105.04	24.15	1.43	1.52	5.63		72.31					103.30		
990764020		200	中	164.73	39.98	9.47	10.04	5.63		99.61					142.30		
990765010	钢筋挤压连接机	直径(mm) 40	小	31.25	11.41	0.67	1.47	7.03		10.67					15.24		
990766010	风动镦锌机	功率(kW) 11	小	25.46	8.95	1.06	0.74	14.71									
990767010	液压镦锌机		小	86.54	12.24	1.45	1.02	14.71		57.12					81.60		
990768010	电动修钎机		小	106.13	17.42	2.05	1.39	14.71		70.56					100.80		

编码	机械名称	规格型号	机型	台班单价 元	费用组成							人工及燃料动力用量					
					折旧费 元	检修费 元	维护费 元	安拆费及场外运费 元	人工费 元	燃料动力费 元	其他费用 元	机上人工 工日 120.00	汽油 kg 6.75	柴油 kg 5.64	电 kW·h 0.70	煤 kg 0.34	水 m³ 4.42
990769010	磨砖机	4	小	22.31	6.06	0.36	0.45	8.44		7.00					10.00		
990769020	磨砖机	4.5	小	23.81	6.65	0.39	0.49	8.44		7.84					11.20		
990770010	切砖机	1.7	小	21.60	6.77	0.40	0.39	8.44		5.60					8.00		
990770020	切砖机	2.2	小	25.15	8.91	0.53	0.51	8.44		6.76					9.65		
990770030		2.8	小	27.55	10.69	0.64	0.62	8.44		7.16					10.23		
990770040		5.5	小	31.67	13.06	0.79	0.77	8.44		8.61					12.30		
990771010	钻砖机	13	小	15.52	2.73	0.16	0.27	8.44		3.92					5.60		
990772010	岩石切割机	3	小	47.48	28.03	1.58	1.53	8.44		7.90					11.28		
990773010	平面水磨石机	3	小	20.44	2.28	0.14	1.19	7.03		9.80					14.00		
990774010	立面水磨石机	1.1	小	22.08	5.61	0.33	2.81	7.03		6.30					9.00		
990775010	喷砂除锈机	能力(m³/min) 3	小	33.70	6.33	0.76	1.09	5.63		19.89					28.41		
990776010	抛丸除锈机	直径(mm) 219	大	283.70	197.35	23.35	33.39	5.63		23.98					34.26		
990776020		直径(mm) 500	大	378.72	268.72	31.79	45.46	5.63		27.12					38.74		
990776030		直径(mm) 1000	大	663.34	487.86	57.69	82.50	5.63		29.66					42.37		
990777010	涂料机	处理直径(mm) 300	小	24.62	2.61	0.34	0.36	5.63		15.68					22.40		
990777020		处理直径(mm) 1000	小	28.18	4.75	0.62	0.66	5.63		16.52					23.60		
990777030		处理直径(mm) 2000	小	30.35	5.86	0.76	0.81	5.63		17.29					24.70		
990777040		处理直径(mm) 3000	小	31.89	6.57	0.86	0.91	5.63		17.92					25.60		
990778010	万能母线煨弯机		小	28.75	8.51	0.51	1.12	7.03		11.58					16.54		
990779010	封口机		中	36.62	18.93	1.12	2.46	7.03		7.08					10.12		
990780010	对口器	直径(mm) 426	中	34.49	23.15	2.74	4.38	4.22									
990780020		直径(mm) 529	中	36.51	24.70	2.92	4.67	4.22									
990780030		直径(mm) 720	中	66.84	47.90	5.66	9.06	4.22									
990781010	钢绞线横穿孔机	功率(kW) 40	大	377.85	304.33	16.60	36.52	7.03		13.37					19.10		

编码	机械名称	规格型号	机型	台班单价 元	折旧费 元	检修费 元	维护费 元	安拆费及场外运费 元	人工费 元	燃料动力费 元	其他费用 元	机上人工 工日	汽油 kg	柴油 kg	电 kW·h	煤 kg	水 m³
												120.00	6.75	5.64	0.70	0.34	4.42
990782010	数控钢筋调直切断机	直径(mm) 1.8~3	中	217.36	19.90	4.00	3.00	4.96	176.40	9.10		1.47			13.00		
990782020	直切断机	3~7	大	323.78	71.70	14.41	10.81	4.96	176.40	45.50		1.47			65.00		
990783010	切管机	9A151	小	90.82	33.93	9.35	20.84	4.22		22.48					32.11		
990784010	布袋除尘切砖机	D400 mm 400	小	22.22	5.51	0.51	1.06	4.22		10.92					15.60		
990785010	预应力拉伸机	YCW-150	小	56.51	21.74	2.81	10.26			21.70					31.00		
990785020		YCW-250	小	64.56	27.81	2.94	10.71			23.10					33.00		
990785030		YCW-400	小	77.54	37.21	3.26	11.87			25.20					36.00		
990786010	电动管子胀接机	D2-B	小	28.58	11.45	1.73	3.64	4.22		11.76					16.80		
990787010	揻弯器	液压	小	46.63	23.39	2.01	2.33			18.90					27.00		
990788010	砂轮切割机	砂轮片直径(mm) 350	小	12.85	4.25	0.51	1.07			2.80					4.00		
990788020		400	小	21.47	9.76	1.18	2.46	4.22		3.85					5.50		
990788030		500	小	22.87	9.76	1.18	2.46	4.22		5.25					7.50		
990789010	电动套丝机	TQ3A	小	13.75	1.84	0.22	0.45	8.44		2.80					4.00		
990790010	螺纹车丝机	直径(mm) 45	小	13.65	1.77	0.21	0.43	8.44		2.80					4.00		
990791010	钢缆压紧机	缆径(mm) 800	大	1009.44	493.29	72.56	152.38	1.23	240.00	49.98		2.00			71.40		
990792010	钢缆缠丝机	缆径(mm) 800	大	1107.62	439.38	64.64	135.74	1.23	240.00	226.63		2.00			323.75		
990793010	台式砂轮机	直径(mm) 300	小	11.83	9.07	0.30	0.32			2.14					3.06		
990794010	打磨机		小	14.97	2.33	0.59	5.05			7.00					10.00		
990795010	金属面抛光机		小	24.17	6.70	0.43	3.70	7.03		6.30					9.00		
990796010	槽条机(400mm 以内)		中	181.61	27.70	5.26	5.42		120.00	23.24		1.00			33.20		

8.泵类机械

8.泵类机械

编码	机械名称	规格型号 出口直径(mm)	规格型号 场程(m)	机型	台班单价 元	折旧费 元	检修费 元	维护费 元	安拆费及场外运费 元	人工费 元	燃料动力费 元	其他费用 元	机上人工 工日	汽油 kg	柴油 kg	电 kW·h	煤 kg	水 m³
													120.00	6.75	5.64	0.70	0.34	4.42
990801010	电动单级离心清水泵	50		小	27.50	1.74	0.77	1.86	7.03		16.10					23.00		
990801020		100		小	33.93	2.61	1.17	2.82	7.03		20.30					29.00		
990801030		150		小	56.20	3.64	1.65	3.98	7.03		39.90					57.00		
990801040		200		小	85.69	4.83	2.15	5.18	7.03		66.50					95.00		
990801050		250		小	133.50	7.13	3.18	7.66	7.03		108.50					155.00		
990802010	内燃单级离心清水泵	50		小	36.43	3.01	1.33	2.38	7.03		22.68			3.36				
990802020		100		小	64.12	5.23	2.33	4.17	7.03		45.36			6.72				
990802030		150		小	85.12	7.84	3.50	6.27	7.03		60.48			8.96				
990802040		200		小	109.78	12.03	5.42	9.70	7.03		75.60			11.20				
990802050		250		小	144.67	24.15	10.87	19.46	7.03		83.16			12.32				
990803010	电动多级离心清水泵	100	50	小	50.56	4.35	1.95	5.03	7.03		32.20					46.00		
990803020			120 以下	小	154.20	8.00	3.60	9.29	7.03		126.28					180.40		
990803030			120 以上	小	217.98	10.85	4.88	12.59	7.03		182.63					260.90		
990803040		150	180 以下	小	263.60	17.18	7.70	19.87	7.03		211.82					302.60		
990803050			180 以上	小	289.54	24.38	10.95	28.25	7.03		218.93					312.76		
990803060		200	280 以下	中	326.06	27.08	12.18	31.42	7.03		248.35					354.78		
990803070			280 以上	小	364.90	33.96	15.27	39.40	5.63		269.24					384.63		
990804010	单级自吸水泵	150		小	201.65	13.81	2.44	4.93	5.63		174.84				31.00			
990805010	污水泵	70		小	73.98	2.38	0.42	1.36	7.03		62.79					89.70		
990805020		100		小	104.38	5.61	1.00	3.24	7.03		87.50					125.00		
990805030		150		小	181.09	8.27	1.46	4.73	7.03		159.60					228.00		
990805040		200		小	271.09	26.32	4.66	15.10	7.03		217.98					311.40		
990806010	泥浆泵	50		小	42.53	3.90	0.70	2.27	7.03		28.63					40.90		
990806020		100		小	197.09	14.73	2.62	8.49	7.03		164.22					234.60		
990807010	耐腐蚀泵	40		小	35.43	5.23	0.92	4.96	7.03		17.29					24.70		
990807020		50		小	48.80	6.84	1.21	6.52	7.03		27.20					38.86		
990807030		80		小	115.06	6.94	1.22	6.58	7.03		93.29					133.27		
990807040		100		小	171.82	7.98	1.41	7.60	7.03		147.80					211.14		

编码	机械名称	规格型号	机型	台班单价 元	折旧费 元	检修费 元	维护费 元	安拆费及场外运费 元	人工费 元	燃料动力费 元	其他费用 元	机上人工 工日	汽油 kg	柴油 kg	电 kW·h	煤 kg	水 m³
												120.00	6.75	5.64	0.70	0.34	4.42
990808010	真空泵	抽气速度(m³/h) 204	小	58.15	7.70	1.38	2.97	8.44		37.66					53.80		
990808020		660	小	108.26	8.84	1.57	3.38	8.44		86.03					122.90		
990809010	潜水泵	出口直径(mm) 50	小	23.37	1.74	0.31	1.69	5.63		14.00					20.00		
990809020		100	小	28.35	2.45	0.43	2.34	5.63		17.50					25.00		
990809030		150	小	52.90	5.70	1.02	5.55	5.63		35.00					50.00		
990810010	砂泵	出口直径(mm) 65	小	84.40	7.01	1.25	4.70	8.44		63.00					90.00		
990810020		100	小	122.83	15.32	2.74	10.30	8.44		86.03					122.90		
990810030		25	小	213.56	25.77	4.56	17.15	8.44		157.64					225.20		
990811010	高压油泵	压力(MPa) 50	小	106.91	4.35	0.77	2.56	5.63		93.60					133.72		
990811020		80	小	167.57	6.89	1.22	4.06	5.63		149.77					213.95		
990812010	齿轮油泵	流量(L/min) 2.5	小	78.30	2.22	0.39	1.30	5.63		68.76					98.23		
990813005	试压泵	压力(MPa) 2.5	小	14.82	1.35	0.24	0.73	5.63		6.87					9.81		
990813010		3	小	17.75	2.61	0.47	1.43	5.63		7.61					10.87		
990813015		4	小	18.18	2.77	0.48	1.46	5.63		7.84					11.20		
990813020		6	小	19.86	2.93	0.52	1.58	5.63		9.20					13.14		
990813025		10	小	21.40	3.40	0.60	1.82	5.63		9.95					14.21		
990813030		25	小	22.57	3.64	0.64	1.95	5.63		10.71					15.30		
990813035		30	小	22.98	3.72	0.66	2.01	5.63		10.96					15.66		
990813040		35	小	23.29	3.80	0.68	2.07	5.63		11.11					15.87		
990813045		60	小	24.42	3.88	0.69	2.10	5.63		12.12					17.32		
990813050		80	小	27.03	4.99	0.88	2.68	5.63		12.85					18.36		
990814010	射流井点泵	最大抽吸深度(mm) 9.50	小	60.29	4.83	2.57	9.56	5.63		37.70					53.85		
990815010	油泵	50FS—25	小	49.54	19.57	3.30	10.58			16.10					23.00		
990815020		50FS—37A	小	80.64	48.30	4.10	13.12			15.12					21.60		

9.焊接机械

9.焊接机械

编码	机械名称	规格型号		机型	台班单价	费用组成							人工及燃料动力用量					
						折旧费	检修费	维护费	安拆费及场外运费	人工费	燃料动力费	其他费用	机上人工	汽油	柴油	电	煤	水
					元	元	元	元	元	元	元	元	工日	kg	kg	kW·h	kg	m³
													120.00	6.75	5.64	0.70	0.34	4.42
990901010	交流弧焊机	容量(kV·A)	21	小	58.56	1.84	0.41	1.37	12.75		42.19					60.27		
990901020			32	小	85.07	2.41	0.54	1.80	12.75		67.57					96.53		
990901030			40	小	110.67	2.72	0.61	2.03	12.75		92.56					132.23		
990901040			42	小	118.13	2.91	0.66	2.20	12.75		99.61					142.30		
990901050			50	小	128.25	3.04	0.68	2.26	12.75		109.52					156.45		
990901060			80	小	171.48	3.48	0.79	2.63	12.75		151.83					216.90		
990902010	硅整流弧焊机		15	小	47.20	4.56	0.81	2.79	11.95		27.09					38.70		
990902020			20	小	57.68	5.38	0.95	3.28	11.95		36.12					51.60		
990902030			25	小	64.03	7.03	1.25	4.31	11.95		39.49					56.41		
990903010	多功能弧焊整流器	电流(A)	630	小	75.50	10.13	2.28	6.66	12.75		43.68					62.40		
990903020			1000	小	101.84	15.36	3.45	10.07	12.75		60.21					86.02		
990904010	直流弧焊机	容量(kV·A)	10	小	43.25	2.41	0.55	2.20	12.75		25.34					36.20		
990904020			14	小	55.23	3.48	0.78	3.12	12.75		35.10					50.14		
990904030			20	小	72.88	4.56	1.03	3.82	12.75		50.72					72.46		
990904040			32	小	89.62	5.51	1.24	4.60	12.75		65.52					93.60		
990904050			40	小	94.97	6.97	1.57	5.82	12.75		67.86					96.94		
990905010	汽油电焊机	电流(A)	160	小	215.85	11.13	2.50	2.98	9.56		189.68			28.10				
990905020			300	小	244.86	16.35	3.69	4.39	9.56		210.87			31.24				
990906010	柴油电焊机		500	小	232.24	19.34	4.36	5.19	9.56		193.79				34.36			
990907010	拖拉机驱动弧焊机	单弧		中	401.42	52.50	11.81	6.26	12.75		318.10				56.40			
990907020		二弧		大	511.04	63.14	14.21	7.53	12.75		413.41				73.30			
990907030		四弧		大	926.35	330.09	56.99	30.20	12.75		496.32				88.00			
990908010	点焊机	容量(kV·A)	50	小	95.23	5.45	1.22	3.56	12.75		72.25					103.22		
990908020			75	中	134.31	7.09	1.59	4.64	12.75		108.24					154.63		
990908030			6×35	中	180.23	12.29	2.76	8.06	12.75		144.37					206.24		
990909010	多头点焊机			中	279.16	29.96	5.16	15.07	12.75		216.22					308.88		
990910010	对焊机	容量(kV·A)	10	小	29.08	2.51	0.57	1.78	12.75		11.47					16.38		
990910020			25	小	49.00	3.95	0.88	2.75	12.75		28.67					40.96		
990910030			75	小	109.41	5.85	1.31	4.10	12.75		85.40					122.00		
990910040			150	小	113.71	6.61	1.49	4.66	12.75		88.20					126.00		
990910050			100	小	138.88	6.40	1.36	4.27	12.75		114.10					163.00		

人工及燃料动力用量表

编码	机械名称	规格型号	机型	台班单价(元)	折旧费(元)	检修费(元)	维护费(元)	安拆费及场外运费(元)	人工费(元)	燃料动力费(元)	其他费用(元)	机上人工(工日)	汽油(kg)	柴油(kg)	电(kW·h)	煤(kg)	水(m³)
	(单价)								120.00			120.00	6.75	5.64	0.70	0.34	4.42
990911010	热熔对接焊机	直径(mm) 160	小	17.59	1.37	0.32	0.34	12.75		2.81					4.01		
990911020		250	小	20.78	2.13	0.48	0.51	12.75		4.91					7.01		
990911030		630	小	44.60	6.16	1.38	1.46	12.75		22.85					32.64		
990911040		800	小	52.37	6.46	1.45	1.54	12.75		30.17					43.10		
990912010	氩弧焊机	500	小	93.99	14.25	2.53	8.60	19.12		49.49					70.70		
990913010	二氧化碳气体保护焊机	250	小	64.02	13.30	2.35	12.10	19.12		17.15					24.50		
990913020		500	小	128.14	33.96	6.03	31.05	19.12		37.98					54.26		
990914010	等离子弧焊机	电流(A) 300	中	211.48	25.77	4.56	24.62	19.12		137.41					196.30		
990915010	自动埋弧焊机	500	小	104.82	14.31	1.87	9.95	12.75		65.94					94.20		
990915020		1200	小	181.25	19.06	2.48	13.19	12.75		133.77					191.10		
990915030		1500	中	253.39	23.56	3.07	16.33	12.75		197.68					282.40		
990916010	电渣焊机	1000	中	161.11	29.45	3.83	12.18	12.75		102.90					147.00		
990917010	缝焊机	容量(kV·A) 150	中	296.94	19.32	2.51	7.98	12.75		254.38					363.40		
990918010	土工膜焊接机	厚度(mm) 8-160	小	36.83	3.65	0.82	2.39	12.75		17.22					24.60		
990919010	电焊条烘干箱	容量(cm³) 45×35×45	小	17.13	3.64	0.65	1.12	7.03		4.69					6.70		
990919020		55×45×55	小	21.80	5.23	0.93	1.61	7.03		7.00					10.00		
990919030		60×50×75	小	26.74	6.73	1.19	2.06	7.03		9.73					13.90		
990919040		80×80×100	小	49.84	10.13	1.79	3.10	7.03		27.79					39.70		
990919050		75×105×135	小	69.32	10.85	1.93	3.34	7.03		46.17					65.95		
990920010	电熔焊接机	DRH-160A	小	35.89	12.88	2.72	2.88	12.75		4.67					6.67		
990921010	角缝自动焊机	SM501H90	小	359.74	28.50	3.70	11.79	12.75	240.00	63.00		2.00			90.00		
990922010	气压焊机组		中	621.67	52.55	11.07	23.45		450.00	84.60		3.75		15.00			
990923010	半自动割刀		中	53.58	1.95	0.36	2.25	7.03		42.00					60.00		
990924010	电焊条恒温箱		小	46.57	22.36	4.47	6.76	7.03		5.95					8.50		
990925010	栓钉焊机		小	87.50	19.00	2.81	9.26	12.75		43.68					62.40		
990926010	立缝自动焊机	功率(kW) VB-AcⅡ3	大	557.25	93.25	11.15	35.72	12.75	150.00	254.38		1.25			363.40		
990927010	横向自动焊机	功率(kW) MISA60	大	652.71	141.42	16.69	54.09	12.75	150.00	277.76		1.25			396.80		
990928010	数控火焰切割机		大	464.42	109.98	13.43	42.75	12.75	150.00	135.52		1.25			193.60		
990929010	电焊机(综合)		小	75.60	3.29	0.74	2.64	12.75		56.18					80.25		
990930010	钢轨接续线电弧钎焊机组		中	401.57	38.77	15.39	32.40		301.20	13.82		2.51		2.45			
990931010	热板焊机		小	253.39	23.56	3.07	16.33	12.75		197.68					282.40		

10.动力机械

10.动力机械

编码	机械名称	规格型号	机型	台班单价 元	折旧费 元	检修费 元	维护费 元	安拆费及场外运费 元	人工费 元	燃料动力费 元	其他费用 元	机上人工 工日	汽油 kg	柴油 kg	电 kW·h	煤 kg	木柴 kg	水 m³
												120.00	6.75	5.64	0.70	0.34	0.18	4.42
991001010	汽油发电机组	功率 (kW) 3	小	91.91	2.03	0.52	2.01	18.16		69.19			10.25					
991001020		6	小	131.76	4.77	1.24	4.79	18.16		102.80			15.23					
991001030		10	小	162.48	7.98	2.08	8.03	18.16		126.23			18.70					
991001040		1.5	小	44.73	0.56	0.49	1.89	18.16		23.63			3.50					
991002005	柴油发电机组	30	中	328.56	16.30	4.24	13.82	21.79		272.41				48.30				
991002010		50	中	466.33	18.49	4.82	15.71	21.79		405.52				71.90				
991002015		60	中	477.10	20.14	5.24	17.08	21.79		412.85				73.20				
991002020		75	中	480.58	21.79	5.67	18.48	21.79		412.85				73.20				
991002025		90	中	671.77	22.84	5.95	19.40	21.79		601.79				106.70				
991002030		100	中	734.78	24.07	6.26	20.41	21.79		662.25				117.42				
991002035		120	中	959.42	30.61	7.97	25.98	21.79		873.07				154.80				
991002040		150	大	1172.30	39.01	10.16	33.12	21.79		1068.22				189.40				
991002045		200	大	1511.90	62.07	16.15	52.65	21.79		1359.24				241.00				
991002050		300	大	2241.30	91.45	21.95	59.92	21.79		2046.19				362.80				
991002055		400	大	2283.57	94.03	22.58	61.64	21.79		2083.53				369.42				
991003010	电动空气压缩机	排气量 (m³/min) 0.3	小	31.02	1.10	0.40	1.91	16.34		11.27					16.10			
991003020		0.6	小	37.78	1.44	0.53	2.53	16.34		16.94					24.20			
991003030		1	小	51.10	2.16	0.76	3.63	16.34		28.21					40.30			

下表为各类机械台班费用定额。

编码	机械名称	性能规格	机型	台班单价(元)	折旧费(元)	检修费(元)	维护费(元)	安拆费及场外运费(元)	人工费(元)	燃料动力费(元)	其他费用(元)	机上人工(工日)	汽油(kg)	柴油(kg)	电(kW·h)	煤(kg)	木柴(kg)	水(m³)
												120.00	6.75	5.64	0.70	0.34	0.18	4.42
991003040	电动空气压缩机	排气量(m³/min) 3	小	120.34	13.67	4.85	10.23	16.34		75.25					107.50			
991003050		6	中	211.03	21.02	7.45	15.72	16.34		150.50					215.00			
991003060		9	中	324.86	30.18	10.72	22.62	16.34		245.00					350.00			
991003070		10	中	363.27	30.76	10.91	23.02	16.34		282.24					403.20			
991003080		20	大	517.04	57.67	20.45	43.15	28.54		367.23					524.62			
991003090		40	大	717.87	133.43	43.69	72.09	28.54		440.12					628.74			
991004010	内燃空气压缩机	排气量(m³/min) 3	中	210.03	16.74	7.54	25.03	16.34		144.38				25.60				
991004020		6	中	305.51	28.88	12.99	43.13	16.34		204.17				36.20				
991004030		9	中	415.33	36.90	16.58	55.05	16.34		290.46				51.50				
991004040		12	大	513.62	44.24	19.88	66.00	16.34		367.16				65.10				
991004050		17	大	1056.96	53.40	23.99	79.65	28.54		871.38				154.50				
991004060		30	大	2327.06	125.47	44.51	147.77	28.54		1980.77				351.20				
991004070		40	大	3235.84	132.86	55.09	131.11	28.54		2888.24				512.10				
991005010	无油空气压缩机	排气量(m³/min) 9	大	349.31	48.99	20.31	28.03	28.54		223.44					319.20			
991005020		20	大	632.03	116.16	48.17	66.47	28.54		372.69					532.42			
991006010	工业锅炉	蒸发量(t/h) 1	大	599.97	72.68	13.74	7.14	80.26		426.15						1150.00	16.00	7.30
991006020		2	大	987.04	79.44	15.04	7.82	80.26		804.48						2173.00	21.00	14.00
991006030		4	大	1281.14	128.67	24.35	12.66	80.26		1035.20						2785.00	24.00	19.00

11.地下工程机械

11.地下工程机械

编码	机械名称	性能规格 直径(mm)	机型	台班单价 元	费用组成							人工及燃料动力用量					
					折旧费 元	检修费 元	维护费 元	安拆费及场外运费 元	人工费 元	燃料动力费 元	其他费用 元	机上人工 工日	汽油 kg	柴油 kg	电 kW·h	煤 kg	水 m³
												120.00	6.75	5.64	0.70	0.34	4.42
991101010	干式出土盾构掘进机	3500	特	1019.85	663.86	130.40	225.59										
991101020		4000	特	1453.31	945.99	185.83	321.49										
991101030		5000	特	1527.23	994.12	195.28	337.83										
991101040		6000	特	1854.15	1206.92	237.08	410.15										
991101050		7000	特	2024.87	1318.05	258.91	447.91										
991101060		10000	特	3571.26	2324.63	456.64	789.99										
991101070		12000	特	4717.29	3070.61	603.18	1043.50										
991102010	水力出土盾构掘进机	3500	特	1117.79	759.66	132.64	225.49										
991102020		5000	特	1572.79	1068.86	186.64	317.29										
991102030		6000	特	1930.13	1311.72	229.04	389.37										
991102040		7000	特	2047.17	1391.26	242.93	412.98										
991102050		10000	特	3710.95	2521.98	440.36	748.61										
991102060		12000	特	6147.57	4177.89	729.51	1240.17										
991103010	气压平衡式盾构掘进机	3500	特	2061.76	1430.02	249.70	382.04										
991103020		5000	特	2339.22	1622.47	283.30	433.45										
991103030		7000	特	3138.26	2176.68	380.07	581.51										
991104010	刀盘式土压平衡盾构掘进机	3500	特	1869.67	1217.01	239.07	413.59										
991104020		4000	特	1982.60	1290.52	253.51	438.57										
991104030		5000	特	3137.83	2042.50	401.22	694.11										
991104040		6000	特	3608.95	2349.16	461.46	798.33										
991104050		7000	特	3915.60	2548.74	500.68	866.18										
991104060		10000	特	9913.11	6452.70	1267.55	2192.86										
991104070		12000	特	12745.41	8296.33	1629.70	2819.38										
991105010	刀盘式水力出土泥水平衡盾构掘进机	3500	特	2132.00	1393.12	273.66	465.22										
991105020		5000	特	3268.03	2135.43	419.48	713.12										
991105030		6000	特	3681.87	2429.04	464.01	788.82										
991105040		7000	特	4149.14	2711.17	532.58	905.39										
991105050		10000	特	10608.91	6932.21	1361.74	2314.96										
991105060		12000	特	13407.60	8760.98	1720.97	2925.65										

编码	机械名称	性能规格		机型	台班单价 元	费用组成							人工及燃料动力用量					
						折旧费 元	检修费 元	维护费 元	安拆费及场外运费 元	人工费 元	燃料动力费 元	其他费用 元	机上人工 工日	汽油 kg	柴油 kg	电 kW·h	煤 kg	水 m³
													120.00	6.75	5.64	0.70	0.34	4.42
991106010	盾构同步压浆泵	D2.1m×7m		大	632.00	264.73	34.67	40.56	40.77	214.80	36.47		1.79			52.10		
991107010	盾构医疗间设备	D2.1m×7m		大	324.91	82.08	11.65	25.75	28.54	150.00	26.89		1.25			38.41		
991108010	垂直顶升设备			大	1732.04	197.85	28.08	55.04	38.05	999.60	413.42		8.33			590.60		
991109010	履带式抓斗式成槽机	槽宽（mm）	600	特	1839.25	597.25	143.40	202.19	*	272.40	624.01		2.27		110.64			
991109020			800	特	2685.48	1034.50	248.37	350.20	*	272.40	780.01		2.27		138.30			
991109030			1000	特	3257.35	1186.79	284.91	401.72	*	272.40	1111.53		2.27		197.08			
991109040			1200	特	3858.45	1559.56	374.43	527.95	*	272.40	1124.11		2.27		199.31			
991110010	导杆式液压抓斗式成槽机			特	3991.32	1772.07	425.45	599.88	*	272.40	921.52		2.27		163.39			
991111010	井架式液压抓斗式成槽机			大	1006.62	110.85	26.61	130.39	*	544.80	193.97		4.54			277.10		
991112010	超声波测壁机			小	90.30	34.83	9.07	14.97	5.63		25.80					36.85		
991113010	泥浆制作循环设备			大	1137.78	595.46	38.99	58.87	91.73		352.73					503.90		
991114010	锁口管顶升机			中	522.48	46.04	4.90	21.51	5.63	399.60	44.80		3.33			64.00		
991115010	潜水电钻	75型		小	110.41	28.62	2.04	4.73	19.12		55.90					79.86		
991115020		80型		小	134.63	37.17	2.64	6.12	19.12		69.58					99.40		
991116010	工程地质液压钻机			中	631.13	36.91	3.94	4.22	12.75	399.60	173.71		3.33		30.80			
991117005	刀盘式土压平衡顶管掘进机	管径（mm）	1400	特	467.73	319.28	52.27	96.18										
991117010			1650	特	478.93	326.93	53.52	98.48										
991117015			1800	特	612.02	417.79	68.39	125.84										
991117020			2000	特	683.88	466.85	76.42	140.61										
991117025			2200	特	738.89	504.39	82.57	151.93										
991117030			2400	特	1337.85	913.27	149.50	275.08										
991117035			2460	特	1430.42	976.47	159.84	294.11										
991117040			2600	特	1460.37	996.91	163.19	300.27										
991117045			2800	特	1495.19	1020.68	167.08	307.43										
991117050			3000	特	1604.65	1095.41	179.31	329.93										

编码	机械名称	性能规格 管径(mm)	机型	台班单价 元	费用组成							人工及燃料动力用量					
					折旧费 元	检修费 元	维护费 元	安拆费及场外运费 元	人工费 元	燃料动力费 元	其他费用 元	机上人工 工日	汽油 kg	柴油 kg	电 kW·h	煤 kg	水 m³
												120.00	6.75	5.64	0.70	0.34	4.42
991118005	刀盘式泥水平衡顶管掘进机	600	特	410.57	280.27	45.88	84.42										
991118010		800	特	415.99	283.99	46.48	85.52										
991118015		1000	特	426.34	291.04	47.64	87.66										
991118020		1200	特	472.09	322.28	52.75	97.06										
991118025		1400	特	503.66	343.82	56.28	103.56										
991118030		1600	特	680.62	464.61	76.06	139.95										
991118035		1800	特	836.36	570.93	93.46	171.97										
991118040		2000	特	1059.59	723.31	118.41	217.87										
991118045		2200	特	1337.85	913.27	149.50	275.08										
991118050		2400	特	1549.68	1057.88	173.17	318.63										
991118055		2600	特	1783.24	1217.31	199.27	366.66										
991118060		3000	特	1864.94	1273.08	208.40	383.46										
991119010	挤压法顶管设备	1000	中	141.86	19.97	3.54	9.70	3.75		104.90					149.86		
991119020		1200	中	147.16	23.14	4.11	11.26	3.75		104.90					149.86		
991119030		1400	中	177.83	23.77	4.21	11.54	3.75		134.56					192.23		
991119040		1500	中	186.97	27.57	4.89	13.40	3.75		137.36					196.23		
991119050		1650	中	199.27	33.27	5.90	16.17	3.75		140.18					200.26		
991119060		1800	大	254.25	50.33	8.93	24.47	3.75		166.77					238.24		
991119070		2000	大	260.23	51.89	9.20	25.21	3.75		170.18					243.12		
991119080		2200	大	294.88	71.36	12.66	34.69	3.75		172.42					246.32		
991119090		2400	大	351.41	103.53	18.36	50.31	3.75		175.46					250.66		
991120010	遥控顶管掘进机	800	特	1384.33	804.71	131.73	242.38	25.37		180.14					257.34		
991120020		1200	特	1500.76	882.40	144.45	265.79	25.37		182.75					261.07		
991120030		1350	特	1624.51	956.00	153.50	287.96	25.37		201.68					288.12		
991120040		1650	特	1740.63	1020.30	167.02	307.32	25.37		220.62					315.17		
991120050		1800	特	1904.86	1130.71	185.10	340.58	25.37		223.10					318.72		
991121010	人工挖土法顶管设备	1200	小	127.39	9.63	1.70	7.41	3.75		104.90					149.86		
991121020		1650	小	167.48	12.08	2.14	9.33	3.75		140.18					200.26		
991121030		2000	小	204.36	12.88	2.29	9.98	3.75		175.46					250.66		
991121040		2460	小	206.18	13.09	2.32	10.12	3.75		176.90					252.71		

编码	机械名称	性能规格	机型	台班单价 元	折旧费 元	检修费 元	维护费 元	安拆费及场外运费 元	人工费 元	燃料动力费 元	其他费用 元	机上人工 工日	汽油 kg	柴油 kg	电 kW·h	煤 kg	水 m³
												120.00	6.75	5.64	0.70	0.34	4.42
991122010	液压柜（动力系统）		小	178.11	6.01	0.65	3.51	3.75		164.19					234.56		
991123010	悬臂式掘进机	318	特	4982.47	4757.77	79.12	145.58										
991124010	轨道车	功率（kW） 120	大	925.05	142.06	37.21	100.84		273.60	371.34		2.28		65.84			
991124020	轨道车	210	大	1375.65	228.55	59.86	162.22		273.60	651.42		2.28		115.50			
991124030	轨道车	290	大	1681.41	260.05	68.11	184.58		273.60	895.07		2.28		158.70			
991125010	电力机车		特	1265.74	641.94	168.14	455.66										
991126010	动力稳定车		特	6389.64	2209.68	578.75	1568.41		453.60	1579.20		3.78		280.00			
991127010	配砟整形车	工作能力（m³/h） 1200	特	2796.08	787.58	206.28	559.02		453.60	789.60		3.78		140.00			
991128010	起拔道捣固车	1100	特	7026.46	2651.02	694.35	1881.69		756.00	1043.40		6.30		185.00			
991129010	电气化安装作业车		特	1942.51	451.74	118.32	320.65		403.20	648.60		3.36		115.00			
991130010	移动式焊轨机组		特	5127.48	2600.52	681.12	1845.84										
991131010	反循环钻机	60P45A	大	1929.88	955.74	148.10	259.17		273.60	293.28		2.28		52.00			
991132010	多头钻成槽机	BW	大	3577.91	1690.19	273.69	853.91		410.40	349.72		3.42			499.60		
991133010	沉井钻吸机组	KH180-2配 GZQ1250A	大	3311.16	756.40	251.33	341.80		752.40	1209.23		6.27		67.80	1181.20		
991134010	三臂凿岩台车	H178	特	5144.86	2155.60	805.73	2183.53										
991135010	三向倾卸轮胎式装载机	966D	大	1209.45	570.14	172.32	466.99										
991136010	装药台车	DT-100	大	1219.46	605.75	165.42	448.29										
991137010	双液压注浆泵	PH2X5	中	404.59	80.93	19.51	18.72	12.75	250.80	21.88		2.09			31.26		
991138010	液压注浆泵	HYB50/50-1型	中	323.58	33.23	8.09	7.77	12.75	250.80	10.94		2.09			15.63		
991139010	复合式土压平衡盾构机 TBM	直径（mm） 6280	特	14272.96	8679.33	2058.71	3534.92										
991139020	复合式土压平衡盾构机 TBM	6880	特	15531.73	9643.70	2167.06	3720.97										
991140010	单护盾硬岩掘进机 TBM	6880	特	17738.15	12564.42	1916.20	3257.53										

12.其他机械

12. 其他机械

编码	机械名称	性能规格	机型	台班单价 元	费用组成							人工及燃料动力用量					
					折旧费 元	检修费 元	维护费 元	安拆费及场外运费 元	人工费 元	燃料动力费 元	其他费用 元	机上人工 工日	汽油 kg	柴油 kg	电 kW·h	煤 kg	水 m³
												120.00	6.75	5.64	0.70	0.34	4.42
991201010	轴流通风机	功率(kW) 7.5	小	40.96	2.66	0.47	1.18	8.44		28.21					40.30		
991201020		30	小	134.46	8.08	1.43	3.60	8.44		112.91					161.30		
991201030		100	小	411.88	17.96	3.19	5.97	8.44		376.32					537.60		
991201040		150	大	514.17	81.47	14.47	27.06	8.44		382.73					546.76		
991201050		220	大	546.44	98.04	17.39	32.52	8.44		390.05					557.21		
991202010	离心通风机	1300	小	83.00	7.89	1.77	3.31	7.03		63.00					90.00		
991202020		1800	小	133.00	8.93	2.00	3.74	7.03		111.30					159.00		
991202030		2500	小	232.19	13.97	3.14	3.93	7.03		204.12					291.60		
991202040		3200	小	427.72	17.96	4.02	5.03	7.03		393.68					562.40		
991203010	收风机	能力(m³/min) 4	小	20.41	4.37	0.77	1.94	8.44		4.89					6.98		
991204010	鼓风机	8	小	25.40	3.90	0.70	1.69	8.44		10.67					15.24		
991204020		18	小	40.73	12.83	2.27	5.49	8.44		11.70					16.72		
991204030		50	小	59.68	23.75	4.21	10.19	8.44		13.09					18.70		
991204040		129	小	73.02	31.35	5.57	13.48	8.44		14.18					20.26		
991204050		700	大	513.27	304.86	54.07	130.85	8.44		15.05					21.50		
991205010	反吸风除尘机	D2－FX1	小	69.71	22.64	4.01	4.53	5.63		32.90					47.00		
991206010	组合式烘箱		小	123.40	16.55	2.93	3.02	5.63		95.27					136.10		
991207010	箱式加热炉	功率(kW) 45	小	117.26	13.59	0.80	0.85	6.75		95.27					136.10		
991207020		50	小	137.17	22.04	1.30	1.38	6.75		105.70					151.00		
991207030		75	小	126.62	20.62	1.22	1.29	6.75		96.74					138.20		
991208010	硅整流充电机	90A/190V	中	66.81	6.97	0.41	1.30	5.63		52.50					75.00		
991209010	真空滤油设备	能力(L/h) 6000	大	258.12	179.79	10.64	34.05	8.44		25.20					36.00		
991210010	潜水设备		小	88.94	22.36	3.97	55.58	7.03									
991211010	潜水减压仓		大	165.83	88.67	15.73	50.81	10.62									
991212010	通井机	功率(kW) 66	大	746.84	72.54	19.00	51.30		300.00	304.00		2.50		53.90			
991213010	高压风机车	300	大	2532.55	209.89	54.98	153.94		176.40	1937.34		1.47		343.50			
991214010	井点降水钻机		小	15.97	1.98	0.87	2.10	7.03		3.99					5.70		

编码	机械名称	性能规格		机型	台班单价 元	费用组成							人工及燃料动力用量					
						折旧费 元	检修费 元	维护费 元	安拆费及场外运费 元	人工费 元	燃料动力费 元	其他费用 元	机上人工 工日	汽油 kg	柴油 kg	电 kW·h	煤 kg	水 m³
													120.00	6.75	5.64	0.70	0.34	4.42
991215010	内燃拖轮	功率(kW)	44	中	893.10	42.71	26.30	39.72		600.00	184.37		5.00		32.69			
991215020			88	大	1426.17	85.41	52.62	79.46		840.00	368.69		7.00		65.37			
991215030			147	大	1771.79	142.67	87.89	132.72		840.00	568.51		7.00		100.80			
991215040			221	大	2240.93	214.50	132.15	199.54		840.00	854.74		7.00		151.55			
991215050			294	大	2703.61	285.35	175.79	265.45		840.00	1137.02		7.00		201.60			
991216010	工程驳船	装载质量(t)	50	小	297.22	31.56	8.41	17.25		240.00			2.00					
991216020			100	中	475.30	57.30	15.28	42.72		360.00			3.00					
991216030			200	中	650.60	94.08	25.09	51.43		480.00			4.00					
991216040			300	中	706.36	123.28	35.69	67.39		480.00			4.00					
991216050			400	中	748.64	148.14	39.51	80.99		480.00			4.00					
991216060			600	中	838.78	197.85	52.76	108.17		480.00			4.00					
991217010	抛丸机			小	275.93	23.73	6.35	13.96		200.40	31.50		1.67			45.00		
991218010	角向磨光机	直径(mm)	180	小	21.54	16.59	0.00	0.00			4.95					7.07		
991219010	金刚石磨光机			小	29.23	10.78	2.42	3.08			12.95					18.50		
991220010	开槽机			小	122.20	76.04	5.19	15.57			25.41					36.30		
991221010	轧纹机			小	18.43	5.83	0.55	1.53			10.52					15.03		
991222010	电动胀管机			小	61.79	37.86	4.14	4.79			15.00					21.43		
991223010	滤油机			小	43.25	9.67	2.25	6.14			25.20					36.00		
991224010	手动液压压接钳DW-150P×14			小	11.07	5.40	0.67	0.79	4.22									
991225010	电动油泵压接钳 DB-3			小	31.92	14.87	2.02	2.41	4.22		8.40					12.00		
991226010	冲孔机			小	21.47	7.20	1.77	3.54	4.22		8.96					12.80		
991227010	磁力电钻			小	28.71	18.21	2.20	2.61	4.22		1.47					2.10		

编码	机械名称	性能规格	机型	台班单价 (元)	折旧费 (元)	检修费 (元)	维护费 (元)	安拆费及场外运费 (元)	人工费 (元)	燃料动力费 (元)	其他费用 (元)	机上人工 (工日)	汽油 (kg)	柴油 (kg)	电 (kW·h)	煤 (kg)	水 (m³)
												120.00	6.75	5.64	0.70	0.34	4.42
991228010	电动吸盘		小	8.00	5.70	0.71	0.75			0.84					1.20		
991229010	恒温箱		小	15.20	5.28	1.03	1.89			7.00					10.00		
991230010	机动艇	功率（kW）198	大	1567.49	114.95	54.89	131.72			905.94				160.00			0.80
991231010	轨道拖车头	功率（kW）30	中	294.10	20.58	9.93	30.79		120.00	112.80		1.00		20.00			
991232010	电熔管件熔接机		小	35.66	19.04	4.81	5.10	2.05		4.67					6.67		
991233010	相贯线切割机	215	中	79.54	36.98	8.68	18.13			15.75					22.50		
991234010	手架喷油机		中	82.85	61.50	9.88	11.47										
991235010	电锤	功率（kW）0.52	小	10.82	5.42	0.92	2.29		124.80	2.18		1.04			3.12		
991236010	油泵车		大	689.24	140.47	22.66	115.36			285.95				50.70			
991237010	X射线胶片脱水烘干机		小	61.32	36.30	7.11	12.31			5.60					8.00		
991238010	取芯钻孔设备		中	109.98	47.64	6.21	12.91			43.22					61.74		
991239010	自控热力处理机		中	404.48	136.18	34.61	57.68		120.00	56.00		1.00			80.00		
991240010	绕带机		小	24.53	15.47	3.63	1.52			3.92					5.60		
991241010	药剂泵		小	44.66	12.44	2.41	13.00			16.80					24.00		
991242010	滚槽机		小	26.41	19.43	1.26	1.23			4.48					6.40		
991243010	送风武长管呼吸器		小	86.53	46.24	8.01	10.19			22.09					31.56		
991244010	塑料粉末喷枪		小	25.13	11.09	1.75	3.49			8.79					12.56		
991245010	红外线调压器		小	14.58	12.92	0.84	0.82										
991246010	机动绞磨	3t	小	178.11	9.91	1.54	4.82		120.00	41.85		1.00	6.20				
991247010	船舶（民船）	装载质量（t）5	中	129.29	7.68	0.78	0.83		120.00			1.00					
991248010	安全阀试压机	YFC-A	中	280.80	114.15	14.87	21.28		120.00	10.50		1.00			15.00		

13.城轨机械

13.城轨机械

编码	机械名称	性能规格	机型	台班单价 元	折旧费 元	检修费 元	维护费 元	安拆费及场外运费 元	人工费 元	燃料动力费 元	其他费用 元	机上人工 工日	汽油 kg	柴油 kg	电 kW·h	煤 kg	水 m³
												120.00	6.75	5.64	0.70	0.34	4.42
991301010	PC梁架桥机		特	3805.61	1350.70	326.39	652.76		1002.00	473.76		8.35		84.00			
991302010	轨道平板车	载重(t) 5	小	18.49	10.39	2.61	5.49										
991302020		载重(t) 8	小	24.80	14.83	3.06	6.91										
991302030		载重(t) 10	小	32.14	20.56	3.55	8.03										
991302040		载重(t) 20	小	51.56	29.37	9.29	12.91										
991302050		载重(t) 30	小	67.53	38.47	12.16	16.90										
991302060		载重(t) 60	中	125.07	71.25	22.52	31.30										
991302070		载重(t) 80	中	160.73	74.62	36.03	50.08										
991303010	铺轨龙门架		大	1062.54	197.09	65.87	72.38		601.20	126.00		5.01			180.00		
991304010	长轨压接焊作业线		特	22155.46	11445.03	3330.20	5261.73		750.00	1368.50		6.25			1955.00		
991305010	长轨铺轨机		特	19539.29	7355.68	2887.89	5371.48		450.00	3474.24		3.75		616.00			
991306010	长轨运输编平车		大	204.08	112.70	42.11	49.27										
991307010	轨道式内燃起重机	起重质量(t) 16	大	931.91	171.45	92.52	185.05		302.40	180.48		2.52		32.00			
991308010	长轨铝热焊机组		中	262.96	121.64	47.10	94.22										
991309010	钢轨拉伸机		小	34.63	15.72	2.80	5.60			10.50							
991310010	液压起扒道机	功率(kW) 15	中	302.15	37.44	16.92	43.64		150.00	54.14		1.25		9.60	15.00		
991311010	液压捣固机	工作能力(根/h) 240	中	232.99	4.87	3.72	9.60		150.00	64.80		1.25	9.60				
991312010	线路铺渣机		大	4019.49	1430.17	526.40	663.26		450.00	949.66		3.75		168.38			

编码	机械名称	性能规格	机型	台班单价 元	折旧费 元	检修费 元	维护费 元	安拆费及场外运费 元	人工费 元	燃料动力费 元	其他费用 元	机上人工 工日	汽油 kg	柴油 kg	电 kW·h	煤 kg	水 m³
													6.75	5.64	0.70	0.34	4.42
991313010	液压机	压力(kN) 1000	中	96.82	15.95	10.18	16.08			54.60		120.00			78.00		
991314010	电气综合试验车		大	1496.86	619.64	176.67	353.35		151.20	196.00		1.26	28.00		10.00		
991315010	电气化钻孔作业车		大	722.27	151.63	27.98	55.97		240.00	246.69		2.00		43.74			
991316010	电气化立杆作业车		大	1558.78	313.74	218.46	436.90		240.00	349.68		2.00		62.00			
991317010	电气化线盘车		大	176.54	100.95	33.45	42.14										
991318010	电气化架线盘作业车		大	1591.45	200.38	113.09	226.18		403.20	648.60		3.36		115.00			
991319010	跨座式单轨作业车	功率(kW) 120	大	1652.19	480.89	159.34	200.77		360.00	451.20		3.00		80.00			
991320010	跨座式单轨平板运输车	载重(t) 15	大	377.78	216.02	71.58	90.18										
991321010	光缆气流吹缆机		大	1037.45	185.77	67.45	232.68		501.60	49.95		4.18	7.40				
991322010	PC梁运架车		大	2469.66	887.08	204.61	409.21		657.60	311.16		5.48		55.17			
991323010	限界检测车		中	245.24	101.31	14.89	22.33			106.71				18.92			
991324010	检测车		中	386.92	177.04	26.02	39.03			144.84				25.68			
991325010	汇流排调直器		小	27.62	20.20	3.27	4.15										
991326010	接触线整直器跨座式单轨专用		小	23.67	17.31	2.80	3.56										
991327010	冷滑装置跨座式单轨专用		小	43.39	31.74	5.13	6.52										
991328010	轨道打磨列车		特	19512.86	11541.79	2418.12	4449.28		453.60	650.07		3.78		115.26			
991329010	轨检小车		大	2142.65	932.69	175.97	369.54		151.20	513.24		1.26		91.00